CONGRÈS SCIENTIFIQUE DE 1878

LES

INSECTES COLÉOPTÈRES

DU

DÉPARTEMENT DES ALPES-MARITIMES

AVEC INDICATION DE L'HABITAT, DES ÉPOQUES D'APPARITION ET DES MŒURS
DE CES INSECTES, DES PLANTES SUR LESQUELLES ILS VIVENT,
DES DOMMAGES QU'ILS CAUSENT A L'AGRICULTURE ET DES SERVICES
QU'ILS LUI RENDENT

PAR

A. PERAGALLO

Membre de la Société entomologique de France et de celle des Lettres, Sciences et Arts
des Alpes-Maritimes
Medaille d'argent pour l'Histoire naturelle au Concours régional de Nice en 1863

In contemplatione naturæ, nihil potest
rideri supervacuum. (PLINE l'Ancien.
Histoire naturelle, livre XXI, ch. 1ᵉʳ.)

NICE

IMPRIMERIE ET PAPETERIE ANGLO-FRANÇAISE, MALVANO-MIGNON
—
1879

LES

INSECTES COLÉOPTÈRES

DU

DÉPARTEMENT DES ALPES-MARITIMES

AVEC INDICATION DE L'HABITAT, DES ÉPOQUES D'APPARITION ET DES MŒURS
DE CES INSECTES, DES PLANTES SUR LESQUELLES ILS VIVENT,
DES DOMMAGES QU'ILS CAUSENT A L'AGRICULTURE ET DES SERVICES
QU'ILS LUI RENDENT

PAR

A. PERAGALLO

Membre de la Société entomologique de France et de celle des Lettres, Sciences
et Arts des Alpes-Maritimes ; Médaille d'argent pour l'Histoire naturelle au
Concours régional de Nice en 1863.

*In contemplatione naturæ, nihil potest
videri supervacuum.* (PLINE l'Ancien,
Histoire naturelle, livre XXI, ch. 1ᵉʳ.)

NICE

IMPRIMERIE ET PAPETERIE ANGLO-FRANÇAISE, MALVANO-MIGNON

—

1879

LES

INSECTES COLÉOPTÈRES

DU DÉPARTEMENT DES ALPES-MARITIMES

NOTIONS PRÉLIMINAIRES

Il a été reconnu que le meilleur moyen d'arriver à la connaissance aussi complète, aussi exacte que possible, de la faune entomologique de France, c'est d'encourager les productions partielles embrassant soit, une région entière soit, plus simplement, un département. Plusieurs catalogues détaillés conçus d'après ce plan ont été déjà publiés avec le concours des Sociétés savantes ; ce travail n'existant pas pour les Alpes-Maritimes, il m'a semblé qu'il était temps de se rendre compte des espèces d'insectes coléoptères [1] ra-

---

(1) D'après les derniers travaux zoologiques découlant de ceux de Cuvier (professeur Desplats Paris 1878), on peut classer les animaux de la création en sept groupes qui sont, en procédant du simple au composé :

1. Les *protozoaires*, animaux inférieurs qui se reproduisent par scission, germini-parité, ou oviparité et qui se divisent en *foraminifères* généralement microscopiques ; *radiolaires*, *amœbes* à structure plus avancée et *infusoires*, si nombreux et si variés.

2. Les *cœlentérés* (zoophytes) comprenant les *éponges* les *hydres* les *polypes-coraux* et les *madrépores*.

3. Les *vers*, se subdivisant en *vers ordinaires*, *ténias*, *sangsues et serpules*.

4. Les *échinodermes*, comprenant les *étoiles de mer* et les *oursins*.

5. Les *arthropèdes*, comprenant, les *crustacés* (crabes, langoustes, écrevisses, squilles, cloportes) les *arachnides* (araignée, mygale, scorpion), les *myriapo-*

res, nouvelles pour la France, c'est-à-dire ne figurant pas dans les catalogues antérieurs à l'Annexion, ou complétement nouvelles recueillies dans les parties du Var et dans celles du comté de Nice qui ont été réunies en 1860, pour former le département des Alpes-Maritimes ; il m'a semblé aussi que cet exposé, ingrat, minutieux et tout de conscience était presque un devoir pour celui des membres de la Société entomologique de France qui a été appelé à visiter si souvent les sites les plus reculés du nouveau territoire.

Je comprendrai dans mon catalogue, pour lequel je réclame l'indulgence de mes collègues, tout le versant des Alpes qui regarde l'ouest, sans me préoccuper de ce que certaines parties de ce versant, telles que la Madone de Fenestres, si voisine de Saint-Martin-de-Lantosque, les trois lacs et le lac de Frema-Morta par exemple, ont été réservées par l'Italie ; j'y comprendrai aussi la principauté de Monaco, intimement enclavée dans la France. On verra que la faune de notre région a cela de particulièrement remarquable qu'elle embrasse dans un rayon restreint les insectes les plus méridionaux, ceux des bords de la mer et ceux des montagnes les plus froides, ce qui rend pleines d'attraits et d'imprévu les recherches dans cette contrée véritablement privilégiée.

Mais avant de commencer, qu'il me soit permis d'emprunter à nos maîtres modernes en entomologie, quelques indications laconiques et précises sur les *coléop-*

---

des (*scolopendres, jules*), les *insectes* classés d'après le nombre de leurs ailes et d'après la forme de leurs appendices buccaux, subdivisés en

Hyménoptères (ichneumons, abeilles, bourdons, guêpes, fourmis, etc.. etc.)
Coléoptères (hannetons, bousiers, longicornes, cantharides etc., etc)
Orthoptères (blattes, perce-oreilles, courtilières, grillons. sauterelles, etc.)
Névroptères (éphémères, libellules, termites, etc., etc.)
Hémiptères (cigales, pucerons, punaises, e'c , etc)
Lepidoptères (papillons, teignes, pyrales, etc., etc.)
Diptères (taons, mouches, cousins, puces. etc., etc.)
Aptères, subdivision peu nombreuse.

6. Les *mollusques*, comprenant les *huîtres, moules, coquillages, escargots, limaces, poulpes, calmars, nautiles*, etc., etc.

7. Enfin les *vertébrés;* subdivisés en *poissons, batraciens, reptiles, oiseaux* et *mammifères* au nombre desquels sont les *sirènes*, les *cétacés (dauphins, marsouins, baleines*, etc., etc.) et les *chauves-souris*. Les *mammifères* commencent par les *ornithodelphes* et finissent par les *quadrumanes*.

tères, ordre nombreux et très intéressant des inver-
tébrés dont nous allons nous occuper tout spécialement
ainsi que sur les meilleurs moyens à employer pour
les recueillir et les conserver, et d'y joindre des renseignements sur les métamorphoses, les mœurs et l'habitat des principales subdivisions.

Le mot de coléoptère provient de deux mots grecs
χολεος (étui) et πτερον (aile) ; c'est-à-dire que ces insectes
ont des étuis cornés et mobiles qui se relèvent au moment du vol pour laisser toute liberté à des ailes membraneuses recouvertes et abritées au repos par ces
étuis nommés élytres.

Les métamorphoses des *coléoptères* sont complètes,
en ce sens que l'œuf déposé par la femelle dans le milieu apte à favoriser son éclosion, donne naissance à
une larve espèce de ver mou, qui, après avoir acquis le
développement nécessaire, se transforme en nymphe
avant d'arriver à l'état d'insecte parfait.

Les coléoptères possèdent des mandibules et des
mâchoires palpigères.

Certains d'entre eux sont dépourvus d'ailes membraneuses *(carabes)*; quelques-uns n'ont que des rudiments
d'étuis cornés *(slaphylins)*; pour d'autres les ailes
membraneuses n'existent que chez les mâles *(lucioles)*;
pour d'autres enfin les femelles sont complétement
aptères *(lamphyres)*.

Les *coléoptères*, avant de devenir insectes parfaits,
passent soit en terre(*carabiques*), soit dans l'eau (*hydro-
canthares*), soit dans l'intérieur des arbres et des plantes (*longicornes crysomélines*) par des phases prépara-
toires dont la seconde, celle de *larve*, née d'un *œuf*, se
prolonge parfois pendant plusieurs années (*hannetons.*)

C'est dans ce premier état d'existence active que de
trop nombreuses larves sont dangereuses pour l'agriculture, tandis que d'autres, au contraire, lui sont
utiles.

Avant de devenir insecte parfait, la larve se repose
dans une loge à l'état de *nymphe* ; pendant cette pé-
riode de recueillement s'opère la dernière transformation et naissent les véritables organes de locomotion.
A un moment donné, moment qui dépend souvent de la
température, la peau de cette nymphe se dessèche, se

fend sur le dos et le *coléoptère*, encore mou et incolore mais complet dans son organisation définitive et dans sa taille, paraît à la lumière du jour. Ce n'est qu'après s'être séché, consolidé et coloré qu'il prend son vol pour procéder à la reproduction de son espèce ; cet acte essentiel, ce but final de son existence atteint, le mâle ne tarde pas à mourir, tandis que la femelle ne disparaît que lorsqu'avec un art des plus merveilleux et des plus variés, elle a confié ses œufs au milieu susceptible de donner abri et nourriture aux jeunes larves qui en naîtront.

On distingue dans les *coléoptères* :

1° La tête, composée de parties fixes qui forment la boîte osseuse et de parties mobiles qui sont les *labres*, les *mandibules*, les *palpes* et les *antennes*, ces dernières généralement plus développées chez les mâles que chez les femelles ;

2° Le *thorax*, présentant en dessous, c'est-à dire à la poitrine, trois divisions qui portent chacune une paire de pattes ; à la partie supérieure, c'est-à-dire au *corselet*, s'attachent en dessus les étuis cornés ou *élytres*, garantissant les *ailes membraneuses* ; les *pattes* sont terminées par les *tarses* formées d'un certain nombre d'articles et ayant à leur extrémité un ou deux *crochets*.

Le nombre d'articles des tarses a longtemps et exclusivement servi pour la distinction des grandes coupes ;

3° Après le *thorax* vient l'*abdomen*, composé d'un nombre variable d'anneaux présentant à leurs intersections, de chaque côté, les *stigmates* ou orifices respiratoires.

Quelques coléoptères ont plusieurs anneaux de l'abdomen lumineux en dessous (*lucioles*); d'autres relèvent cet abdomen en courant (*staphylins*) ; d'autres, au contraire, le baissent au repos (*malachites*); chez les femelles de quelques espèces (*longicornes*), cette partie du corps se termine par une *tarière* souvent très-développée, servant à conduire les œufs dans la matière qui doit les abriter.

Je ne puis mieux terminer ce chapitre qu'en reproduisant ici une phrase écrite par le grand entomolo-

giste de Saint-Séver, M. Léon Dufour [1] « Les co-
« léoptères, dit ce savant docteur, ne sont ni industriels,
« ni industrieux (mâles); s'ils ont acquis dans les
« collections une si large part, ils la doivent à la dureté
« de leur cuirasse, au jeu si varié de leurs formes et
« surtout aux mille couleurs qui les émaillent et qui
« saisissent les regards. »

[1] Voir dans les Annales de la Société Entomologique de France, année 1864,
f° 578, une notice très-intéressante de cet auteur sur toutes les grandes coupes
d'insectes.

INSTRUMENTS DE CHASSE

———

Le naturaliste, s'occupant de *coléoptères*, doit avoir à sa disposition :

1° Un filet ou fauchoir, composé d'une poche en forte toile, attachée à un cercle en fer étamé, susceptible de se fermer en deux et qui puisse s'emmancher dans un bâton de 1 m. 20 c. terminé, d'un côté, par une forte pointe en acier, de l'autre, par une douille organisée de manière à maintenir en place, au moyen d'une vis, le cercle du filet.

On promène l'instrument sur les plantes ou pousses d'arbres qui, forcément inclinés vers la poche, y laissent tomber les insectes qui les habitent ; de temps en temps on visite cette poche soit en la posant sur la paume de la main gauche, soit en versant son contenu sur un linge ou dans un parapluie de chasse. L'opération que je viens de décrire s'appelle faucher ; elle est on ne peut pas plus fructueuse pour recueillir les petites espèces qui se tiennent sous bois, dans les clairières, le long des chemins, dans les prairies en fleurs et sur les végétaux qui bordent les ruisseaux. On peut adapter au bâton un filet à canevas plus lâche pour la recherche des insectes d'eau ;

2° Un vaste parapluie en toile blanche, à manche brisé ; on le place sous les branches des arbres que l'on bat ou secoue ensuite ; les insectes tombés dans le parapluie y sont facilement examinés et triés. Cette chasse est surtout profitable par un temps sombre vers la tombée du jour. Au contraire, lorsque le soleil brille, beaucoup de sujets ont la possibilité de s'envoler avant d'être capturés.

Le parapluie à manche brisé et même celui à manche fixe sont plus commodes que le *thérentôme* de M. Graslin, indiqué dans les Annales de 1857, f° xxxi; ils peuvent en outre garantir le chasseur contre les ardeurs du soleil et contre les orages si fréquents pendant la saison d'été ;

3° Une serviette assez grande; on l'étend sur le sol et on bat dessus les fagots, détritus, feuilles mortes. M. Raymond, qui a fait de si précieuses découvertes à Saint-Raphaël, étalait le matin, avant le lever du soleil, sous les chênes-liège ou les pins isolés, de vastes nappes ; il imprimait ensuite aux arbres de fortes secousses, soit à la main, soit au moyen d'un maillet en bois ; les insectes, surpris et effrayés, se laissaient tomber dans la nappe ;

4° Un petit tamis couvert et à trous assez gros pour l'exploration des fourmilières ; cet instrument, assez encombrant, peut être avantageusement remplacé par un sac fermant à coulisse d'un côté et terminé de l'autre par une toile métallique ;

5° Un écorçoir, sorte de fort ciseau avec manche en bois ;

6° Au moins deux pinces ou bruxelles fines pour pouvoir saisir les insectes dans les trous ou dans les fissures des rochers ;

7° Un fort couteau-canif et une loupe ;

8° Des flacons de chasse en fer blanc ou en verre, avec large goulot fermé par un bouchon au centre duquel doit exister une ouverture ronde fermée elle-même par un second bouchon; on remplit ces flacons à moitié, soit de bandes de papier sur lesquelles on verse quelques gouttes de benzine, de phénol Bobœuf, d'éther, etc., soit de sciure de bois bien saine, imbibée d'esprit-de-vin à fort degré, soit enfin de feuilles de laurier-cerise finement découpées. M. Laboulbène, conseille, dans les Annales de 1866, f° 594, le cyanure de potassium, mis au fond du flacon de chasse et recouvert de coton bien pressé; on colle ensuite sur le coton, du papier percé de trous d'épingle. Les flacons ainsi préparés peuvent durer une année. Il faut aussi de petits tubes pour les petites espèces et une boîte avec fond en liége et pourvue d'épingles de différentes

grosseurs, pour piquer immédiatement les sujets rares
et ceux qui, en raison de leurs couleurs délicates ou de
leur pubescence, risqueraient d'être endommagés dans
les flacons ;

9° Enfin, le chasseur ne doit pas oublier les fortes
chaussures bien graissées, les guêtres montantes et de
l'alcali pour cautériser immédiatement les morsures
des vipères.

CHASSE [1]

—

M. Perris, le savant et aimable entomologiste de
Mont-de-Marsan, que nous venons de perdre, disait
qu'on trouve des insectes partout ; j'ajouterai qu'on en
trouve en toute saison, surtout dans nos régions méridionales.

Dès les mois de janvier et de février, on doit visiter
avec soin les écorces des arbres et principalement
celles des platanes voisines du sol; ces recherches,
peu pénibles, m'ont fait faire d'excellentes découvertes
à la Mantéga, dans la propriété de Cessoles, à Menton,
à Sospel, à Monaco et à Grasse ; les accales, ptines et
coccinelles y sont abondants ; c'est à cette époque de
l'année que notre collègue Linder, enlevé si jeune à
la science, capturait sous les pierres et les feuilles
tombées, au pied des oliviers et des pins, de rares
petites espèces, dans les terrains rouges de la route de
Villefranche, du Mont-Boron, du Mont-Vinaigrier, de
Caucade, du Mont-Chauve, de la Turbie et de Monaco.
Dans ces conditions, il prenait assez communément
des *anillus*, des *anommatus*, des *faronus*, *laugelandia*, *briaxis*, *amaurops*, *sacium*, etc., etc. Au
printemps, il faut battre, sur un linge ou dans un parapluie, les fagots qui ont passé l'hiver sur le sol et plus

(1) Moyen de se procurer des insectes (Perris, Annales 1864, f° 309). Promenades entomologiques du même (Annales 1873, f° 61 et 248 ; 1876, f° 177 et 244.)

particulièrement rechercher les carabiques sous les pierres, sous les mousses, et les insectes d'eau dans les mares, les sablières et les bassins de nos jardins ; il faut secouer sur une nappe blanche, les plantes mortes immédiatement après qu'elles ont été arrachées avec précaution, on trouvera ainsi de petites espèces très-rares ; il faut aussi surveiller attentivement les inondations du Var, du Loup et surtout celles de la Siagne et de son canal dérivatif qui ont donné à M. l'abbé Clair de si remarquables résultats. Les eaux, en descendant de la montagne, entraînent avec elles de nombreux et rares insectes qui, réfugiés dans les débris végétaux, viennent échouer engourdis sur les bords. Cette chasse peut être avantageusement renouvelée à l'époque des pluies d'automne ; elle est surtout productive en *carabiques, trox, histers, lamellicornes, staphylins, chrysomelines* et *curculionides ;* les insectes au vol rapide ou vivant plus loin de terre, sont moins nombreux dans les débris entraînés, parce qu'ils échappent plus facilement à l'invasion de l'eau. On verra cependant plus tard qu'un longicorne regardé comme rare, le *vesperus strepens,* a été pris en grande abondance à Cannes dans ces conditions en 1878; l'existence du *strepens* dans les inondations s'explique par cette circonstance rare chez les longicornes, que cet insecte accomplit en terre ses transformations.

. Dans le courant de mai, on peut déjà, sur le littoral, à Nice, à Cagnes, au Golfe-Juan et aux Iles Sainte-Marguerite, battre au parapluie les buissons en fleurs, faucher dans les prairies, après que la rosée est séchée, et dans les intervalles fleuris qui séparent les rangées de vignes ; on peut aussi visiter les sables et les cistes blancs déjà en fleurs ; sur l'aubépine, vous pourrez prendre le joli petit *aeolus crucifer,* si abondant à Cannes dans les inondations du printemps, le remarquable *niphona picticornis,* sur le *lentisque* ou *pistacea lentiscus* qui vous donnera plus tard le *cryptocephalus signatus* si varié de dessins. En fauchant, vous recueillerez au milieu de nombreuses *crysomelines* et de *bruches,* le *cartallum ebulinum* au facies si tranché et le délicat *calamobicus marginellus* aux formes grêles et aux variétés de taille si marquées ; ces

deux longicornes sont, ainsi que le *nyphona*, essentiellement méridionaux. Les cistes blancs et les lupins,
qui poussent parmi eux dans le sable, vous donneront
en abondance des *apions*, des *bruches* et des *clytres*.

Les tamaryx sont déjà habités au commencement de
l'année, par les genres *coniatus (répandus* et *tama-
rici) stylosomus* et *harmonia.*

Enfin, dans les sablières du Golfe-Juan, dans celles
surtout qui sont un peu humides vous ferez une ample
récolte si vous êtes agile, de charmantes *cicindèles*
au vol rapide et aux mandibules redoutables ; sur ces
sables, dans les parties couvertes de pins, vous pourrez aussi rencontrer déjà les *pimeliés*, les *gymmo-
pleures* et les *scarites* ces derniers guettant leur proie à
l'entrée de leur trou profond.

C'est aussi l'époque propice pour monter au Vinaigrier près Nice et y chercher le *cryptocephalus Loreyi*
sur les pousses de chênes, la splendide *autaxia cyanicornis* sur l'*urospermum Dalecampii*, et l'*helops cœ-
ruleus* dans le tan des caroubiers. A la fin de mai, on
peut déjà faire une première excursion dans la haute
montagne ; sur la route qui mène de Saint-Martin-de-
Lantosque à la Madone de Fenestres, lorsque les
noisetiers montrant déjà leurs chatons ont encore le
pied dans la neige qui fond, on recueille, en battant
les arbustes au parapluie, des insectes rares tels que le
cryptocephalus cyranipes qu'il ne faut pas confondre
avec le *lobatus* ; le grand *élateride corymbetes sulfuripennis*, et le *longicorne* assez rare *pachyta clathrata.*

C'est le moment de capturer sous les pierres encore
humides de précieux *carabiques* tels que le *carabus
Solieri* et le *platinus depressus* et de rares *curculionides* : huit jours plus tard, les araignées auront
accompli leur œuvre de destruction et vous risque-
rez de ne rencontrer que des débris d'élytres et de
pattes.

En juin, il faut revenir sur le littoral visité de bonne
heure par le soleil ; les bois du Var, les prairies en fleur,
les buissons bien feuillés, les versants de l'Estérel, les
vallons du Magnan, de la Mantéga et surtout les îles
Sainte-Marguerite et les bords frais du Loup, de la

Siagne et de la Brague, vous récompenseront de vos fatigues.

En juillet, nouvelles excursions à faire dans les cantons montagneux de Saint-Alban, de Breil, de Lantosque, de Saint-Etienne, de Clans, de Saint-Martin-de-Lantosque. L'entomologiste trouvera à Berthemont, à la Bollène, à la Giandola et à l'extrémité de la vallée de la Vésubie, au pied des grandes forêts et des grands lacs, d'excellentes stations qui lui fourniront, non-seulement des chasses intéressantes, mais encore au retour, tout le confort désirable, ce qui n'est pas à dédaigner pour un naturaliste fatigué.

Au Moulinet, à Clans, à Bouillon, à Valdeblore, à Saint-Dalmas-le-Sauvage, l'installation laissera peut-être à désirer, mais que de compensations pour l'admirateur passionné de la grande nature, que de richesses entomologiques et botaniques à recueillir dans les splendides forêts de hêtres séculaires, de pins du Nord, sapins et mélèzes qui dominent ces petits centres de population! Quels spectacles grandioses lui sont réservés sur les hauts plateaux de l'Aution couverts de fleurs alpestres! L'essentiel c'est d'arriver dans ces localités avant la coupe des foins qui n'a lieu d'ordinaire que vers la seconde quinzaine de juillet. On ne manquera pas de monter aux lacs que la neige vient à peine de quitter, et qu'on trouve encore dans les crevasses. Là sur le *circium*, la *cacalia* sur l'*arnica* et l'*aconit*, sous les pierres encore humides vous vous enrichirez d'excellentes espèces, surtout parmi les *chrysomelines*, les *carabiques* et les *curculionides* : les ruisseaux glacés vous donneront de rares insectes d'eau.

En descendant des régions montagneuses vous trouverez sur nos plages au gros soleil, les chardons bleus *(echinops ritro)* et jaunes *(kentrophilus lanatus)* habités par les genres *stenoria*, *mylabris* et par les *bupsertides*, le tamaryx, qui vous donnera encore sa population d'insectes méridionaux ; les *inulas* visqueuses et jaunes qui nourrissent la *cassida pusilla* et le *corœbus*, *graminis*, les romarins des jardins de Monte-Carlo et du cap d'Antibes où vit en société la *chrysomela americana*, le *glaucium* aux coupes dorées où fourmille l'*acentrus histrio* et dans lequel se réfugient en hiver de bonnes espèces, les *vipérines* bleues et blanches, habitées par des *longicornes* et des *curculionides*.

Enfin sur les galets bruyants du cap Martin, de Carras et de la rade de Villefranche, vous prendrez ce délicieux petit animal, comme dit son parrain, M. Perris, l'*atelestus peragallonis*, insecte carnassier, qui a attendu à 1862 pour enrichir les collections. Dans les chaudes soirées d'été, lorsque le temps est lourd, orageux, au coucher du soleil, il ne faut pas manquer de visiter les chantiers de bois, les barrières qui les entourent, celles du chemin de fer, à la traversée des taillis et des prairies ; on est presque certain de rencontrer vers l'extrémité de chaque barreau de nombreux petits coléoptères humant l'air et procédant à leur toilette de nuit. On sera aussi récompensé de ses peines en promenant légèrement aux mêmes heures, la filoche sur les hautes herbes et sur l'extrémité des branches. Aux mêmes heures, encore autour des chantiers, on prendra au vol de rares insectes crépusculaires et nocturnes.

En automne, on doit recommencer à chercher les carabiques au pied des arbres et les insectes d'eau dans les mares, ruisseaux et bassins. C'est le moment propice pour explorer les mousses et les champignons. A cette époque, on ne doit pas perdre de vue les inondations du Var et de la Siagne. En hiver, pendant les plus mauvais jours de tempête et de froid, lorsque la mer démontée envahit les plages et bouleverse les galets bruyants faisant fuir les insectes qui les habitent, dirigez-vous vers les parties du rivage qui, plus élevées, n'ont pas été envahies et visitez la cavité centrale du *glaucium luteum;* là vous ferez une ample récolte de moyennes et petites espèces qui ont cherché refuge dans cet abri protecteur [1]. Enfin, en toute saison, il faut explorer les arbres morts, les creux de ceux vivants ; vous pouvez y rencontrer des longicornes nocturnes tels que le *vesperus strepens*, le *semanalus undatus*, etc. Il ne faut négliger ni les bouses, ni les amas de végé-

[1] Voir à la fin de ce travail une note sur les espèces trouvées en décembre dans le *glaucium luteum*.

taux, ni les cadavres d'animaux ; on n'omettra pas de passer au tamis les grosses fourmilières des bois, les détritus qui se trouvent sous les haies et au pied des meules de foin et de blé, le tan des saules et des châtaigniers, d'examiner les gommes et les plaies des arbres et de faire de minutieuses recherches dans les caves, celliers, grottes, cavernes, nids de chenilles, nids de guêpes, bolets, toiles d'araignée ; certains entomologistes ont fait d'heureuses découvertes d'insectes nocturnes dans l'estomac des crapauds et des engoulevents.

La recherche et l'étude des larves sont les deux parties les plus intéressantes, je pourrais même dire les plus intelligentes de l'entomologie ; elles vous amènent nécessairement à acquérir des notions de botanique et à constater d'une manière certaine et fructueuse quels sont les insectes nuisibles ou utiles à l'agriculture. On ne peut donc trop engager les débutants à s'attacher à ces travaux, ils seront pour eux la source de véritables satisfactions, car le rôle d'un entomologiste ne consiste pas seulement à chasser et à collectionner des insectes, il doit avoir de plus sérieuses aspirations et il manquerait complétement le but qu'il doit se proposer s'il ne cherchait à connaître les premiers états, l'anatomie et les mœurs des sujets si variés qu'il rencontre.

Toute plante malade, flétrie, languissante, rongée, doit être examinée ; on la trouvera indubitablement atteinte soit extérieurement, soit intérieurement, par une larve et comme presque toutes les larves, après avoir acquis leur développement, s'enfoncent en terre pour y subir leur dernière transformation, on aura le soin, après avoir recueilli une plante habitée, de la poser, sans mélange d'espèce, sur un vase plein de terre, et de recouvrir le tout d'un léger voile; on pourra ainsi donner un habitat certain à tous les insectes qui seront recueillis.

COLLECTIONS [1]

Après avoir trouvé et capturé les coléoptères, il s'agit de les déterminer et de les conserver. Pour les déterminer, il faut avoir recours à des ouvrages élémentaires tels que ceux de MM. Boitard, Lacordaire, Chenu, Fairmaire et Laboulbène, Jacquelin du Val, Fauvel, etc., etc., à des monographies telles que celles de MM. Malsant et Rey, de Marseul, Perris, Brisout de Barneville, Capiomont, etc., etc. Il faut surtout s'adresser aux Annales de la Société entomologique de France qui, depuis 1832, constatent trimestriellement les progrès si remarquables de la science et qui ont su former un centre d'esprits chercheurs et sérieux auquel l'agriculture commence à prendre confiance. [2] Enfin, il ne faut pas craindre de soumettre ses doutes aux maîtres qui se font un devoir et même un plaisir de venir en aide aux jeunes néophytes.

J'ai à me reprocher d'avoir abusé bien des fois de la complaisance inépuisable de MM. Chevrolat, Mulsant, Reiche, Perris, Rouget, Linder, Tappes, etc., etc.

(1) Reiche, conservation des insectes. (Annales 1835, f° LXVIII)

Guérin Menneville, (Annales 1858 f° CLXXIV et CCXVIII, 1859, f° 172).

Laboulbène, (Annales 1866, f° 581, Annales, 1869, f° XXII.)

Goessens, Le Phénol (Annales 1866, f° 597).

Ragonet, Ramollissement au moyen du laurier-cerise (Annales 1872, f° 212.)

Lichtenstein. (Annales 1869 f° XXVIII.)

(2) La Société entomologique de France, dont le siége est à Paris, était composée à la fin de 1877, de 195 membres, parmi lesquels 37 docteurs-médecins, 7 pharmaciens, 20 officiers de terre et de mer, 21 avocats ou magistrats, 27 négociants, 25 professeurs, 6 ecclésiastiques, 4 banquiers, 4 peintres-graveurs ou architectes, 59 fonctionnaires publics. La cotisation est de 26 fr. par an, ou 300 fr. une fois payés pour les membres résidant en France, moyennant quoi on reçoit à domicile les Annales qui paraissent par cahiers trimestriels, ornés de planches très-soignées. L'abonné reçoit en outre le compte rendu sommaire de chaque séance immédiatement après cette séance.

Sans le précieux concours de ces aimables et savants collègues, sans leurs indications si précises, sans leurs bienveillants encouragements, il m'eût été bien difficile d'arriver à publier le présent travail.

En rentrant de la chasse, le premier soin de l'entomologiste doit être de piquer, coller et classer ses captures. Les sujets rares ou dont la détermination est indécise sont mis de côté; ceux dont on connaît exactement le nom de genre et le nom d'espèce sont accompagnés d'une étiquette définitive.

On doit avoir à sa disposition des épingles de cuivre à tête, de différentes grosseurs, mais de même longueur; nous ne sommes plus au temps où les insectes étaient, avant toute chose, soigneusement étalés, aujourd'hui on n'emploie ordinairement d'autre préparation que de rapprocher les antennes du corps et de ramener les pattes sous le ventre.

Les collections présentant les insectes étalés sont l'exception et on ne peut admettre ce système qu'autant que chaque sujet sera exposé séparément sur un carton maintenu dans la boîte par des épingles.

Quant aux petites espèces que le piquage endommagerait, elles doivent être collées avec un mélange de gomme arabique, de sucre, d'eau et de sublimé corrosif. Plus tard, lorsque les loisirs vous arriveront, ou que les rigueurs de l'hiver vous condamneront à ne pas sortir, vous mettrez en ordre votre véritable collection, en y intercalant vos chasses en en indiquant par des signes convenus, les sexes, les époques de capture, les localités et les renseignements botaniques.

Le classement définitif d'une collection doit se faire en suivant les données d'un catalogue généralement admis; celui de M. Grenier, ou mieux encore celui plus récent de M. l'abbé de Marseul. Les doubles sont mis de côté et servent à opérer des échanges. Il est utile de tenir un journal indiquant, chasse par chasse, les découvertes qui ont été faites; on aura ainsi le moyen de prendre de nouveau les bonnes espèces sans tâtonnements ni indécisions. Je conseille de se servir pour collections des cartons fermés hermétiquement et non vitrés, qui se trouvent chez M. Deyrolle, naturaliste, rue de la Monnaie, n° 19, à Paris et d'adopter de

préférence ceux ayant 26 1/4 c. sur 19 1/2 et une profondeur de 6 cent. C'est dans cette maison qu'on trouvera aussi tous les instruments nécessaires pour la
chasse et pour l'étude des insectes, et les ouvrages
élémentaires.

Plusieurs moyens ont été indiqués pour conserver
les collections, c'est-à-dire pour les mettre à l'abri de
leurs trois principaux ennemis : la moisissure, les Anthrènes et les Mites [1].

Vous préserverez vos insectes de la moisissure en
aérant de temps en temps les boîtes par une température sèche ; tout sujet commençant à se couvrir de
mousse devra être légèrement imbibé d'esprit-de-vin
à haut degré.

Anciennement, pour garantir les collections contre
les Anthrènes et les Mites, on faisait bouillir des ro-
gnures de peau de gants, on obtenait ainsi une matière
qui restait visqueuse pendant plusieurs mois et qu'on
plaçait sur un petit carton dans l'un des coins de chaque boîte ; dès qu'une Anthrène ou une Mite passait
dessus elle y restait collée. On a employé ensuite le
camphre enfermé dans un petit sachet de tulle ; aujour-
d'hui on se sert d'acide phénique, de benzine, de phénol
Bobœuf sur une boule de coton.

Mais le meilleur moyen, c'est de visiter ses richesses le plus souvent possible, d'avoir des boîtes fermant
hermétiquement et de n'y admettre les insectes reçus
en échange, qu'après les avoir passés au nécrentôme [2]
ou trempés dans de l'alcool additionné de 10 à 50 cen-
tigrammes de sublimé corrosif. Que de collections précieuses renfermant des sujets rares et ayant même une
véritable valeur vénale ont été compromises et souvent
complétement perdues, parce que pour une cause ac-
cidentelle, leurs possesseurs ont été contraints à les
perdre de vue pendant quelques mois !

---

(1) Préservatifs (Reiche, Annales 1835, fᵒ LXVIII), (Gœesseus, Annales 1866,
fᵒ 508. Destruction des Mites (Laboulbène, Annales 1862, fᵒ 328 ; 1863, iᵃ 223.

(2) Note sur cet instrument, (Guenée, Annales 1838, fᵒ XXVII) (de Villiers,
Annales 1838, fᵒ XLIX.

Nouveau modèle de nécrentôme (Annales 1837, fᵒ LXXXIII).

Observations sur l'emploi du nécrentôme (Guenée, Annales 1862, fᵉ 384).

LISTE

DES

OUVRAGES SUR LES COLÉOPTÈRES

EXISTANT DANS LES BIBLIOTHÈQUES PUBLIQUES
DU DÉPARTEMENT DES ALPES-MARITIMES ET CHEZ L'AUTEUR

NICE (Bibliothèque Municipale)

1. PLINE l'ancien. — Traduction de Littré 1848 (Livre XI, f. 442 du premier volume).
2. LINNÉ, Système de la nature.
3. RÉAUMUR, Histoire des insectes.
4. GEOFFROY, Histoire des insectes.
5. CUVIER, Règne animal, avec des planches très remarquables.
6. BUFFON, Œuvres complètes et suites.
7. GUENÉE, Histoire des insectes.
8. HOPE, Manuel des Coléoptères.
9. CURTIS, Histoire des insectes.
10. GIRAUD, Histoire naturelle de la France méridionale.
11. ARAGO, AUDOIN, etc., Dictionnaire d'histoire naturelle.
12. MILNE EDWARDS, Annales des sciences naturelles [1].
13. Dictionnaire d'histoire naturelle appliquée aux arts et à l'agriculture (sans noms d'auteurs).
14. CASTELNAU et LECOMTE, Histoire des Coléoptères.
15. LACORDAIRE, Genera des Coléoptères.

---

[1] Il existe au musée de la ville, place Garibaldi, quelques ouvrages d'histoire naturelle ; il en existe aussi au siège de la Société d'Acclimatation et d'Agriculture (avenue de la Gare).

NICE (Bibliothèque du Lycée)

1. RÉAUMUR, Mémoires pour servir à l'histoire des insectes.
2. LEVRAULT, Dictionnaire d'histoire naturelle.

GRASSE (Bibliothèque Municipale)

1. BUFFON, Histoire naturelle.
2. CAUTURE, Traité de l'olivier où il est question des insectes nuisibles à cet arbre.
3. CUVIER, Règne animal.
4. GOULIN, Abrégé d'histoire naturelle.
5. BOITARD, Manuel d'histoire naturelle.
6. BOUCHERIE, Le conservateur des bois.
7. VEILLOT DESMARETS et autres, Faune française.
8. MULSANT, Trois volumes de monographies d'insectes de France.

PUGET-THÉNIERS (Bibliothèque Municipale)

1. MILNE, EDWARDS et de JUSSIEU, Cours d'histoire naturelle.

CANNES (Bibliothèque Municipale)

1. GEOFFROY, Histoire des insectes.
2. BOITARD, Manuel d'entomologie.
3. ISABEAU, Insectes utiles et nuisibles.
4. CHENU, Encyclopédie d'histoire naturelle.
5. MULSANT, Histoire des Coléoptères.
6. GIRARD, Métamorphoses des insectes.

MENTON (Bibliothèque Municipale)

1. RÉAUMUR, Mémoires et spectacles de la nature.
2. LAMARCK, Animaux sans vertèbres.
3. Dictionnaire des sciences naturelles par plusieurs professeurs.
4. BUFFON, Histoire naturelle et suites.

Buffon, Œuvres complètes et suites.

Chenu, Encyclopédie d'histoire naturelle.

Fairmaire et Laboulbène, Faune entomologique (1854-1856).

Boitard, Manuel d'entomologie.

Jacquelin du Val, Genera des Coléoptères d'Europe 1859.

Guide de l'amateur des insectes (1859).

Mulsant, Lettres à Julie.

Mulsant et Rey, Quelques monographies et opuscules.

Annales de la Société entomologique de France.

Catalogue Gaubil, catalogue Grenier, catalogue de Marseul.

Rouget, Catalogue des insectes de la Côte-d'Or.

COLÉOPTÈRES

—

Les *Coléoptères* sont divisés en familles ; les familles en genres, les genres en espèces.

Les espèces présentent en outre des variétés de forme et de couleur, dont trop souvent, on a voulu faire des espèces. Presque tous les insectes désignés dans ce travail ont été soumis à l'examen de MM. Chevrolat, Reiche, Mulsant, Perris, Rouget, Linder, Tappes ; pour leur classement méthodique, j'utiliserai les catalogues imprimés de M. Grenier et de M. l'abbé de Marseul.

A l'égard de certaines espèces que je n'ai pas prises moi-même, je puiserai d'utiles indications dans les catalogues inédits de MM. Gautier, Bruyat, Linder, Tappes et de M. l'abbé Clair, qui ont fait d'heureuses découvertes dans le département.

CICINDELIDÆ (1)

Cette famille, peu nombreuse en France, est composée d'insectes essentiellement carnassiers et par conséquent utiles à l'agriculture.

La larve, molle, allongée et bossue, se creuse une cheminée dans les parties sablonneuses qui bordent la mer ou les rivières ; elle vit aussi dans les terres arides et sur les grands et hauts plateaux. Munie de crochets, cette larve se tient à l'orifice de son trou où elle guette sa proie composée de petits insectes ou de vers de terre.

Les *Cicindèles* se distinguent des *Carabiques* qui forment la famille suivante par leurs mandibules aiguës et proéminentes, leurs yeux grands et saillants, leurs jambes grêles et déliées, leur vol rapide, par leurs couleurs brillantes et métalliques sur toutes les parties du corps. L'insecte parfait est aussi carnassier que la larve ; on le rencontre en juillet sur les sables de la mer et des rivières et dans les champs découverts et secs. J'ai pris un exemplaire de la *littoralis* en avril au milieu du marché de Cannes. Certaines espèces habitent autour des neiges éternelles ; partout la *Cicindèle* est difficile à capturer lorsque le soleil brille de tout son éclat ; on parvient cependant à modérer son activité en la plaçant dans l'ombre.

CICINDELA (Latreille) (2)

C. campestris. Commune un peu partout, en été dans les chemins sablonneux, dans les champs même ; elle est facile à reconnaître à sa couleur d'un vert métallique.

Les variétés de la haute montagne sont remarquables par l'éclat de leur robe.

C. hybrida. J'ai pris sur les sables de la Tinée, à Saint-Sauveur, de nombreux exemplaires de la variété *transversalis.*

(1) Faune entomologique de France (Fairmaire et Laboulbène 1845). — Genera des Cicindèles (Jacquelin du Val, 1854-1855)

(2) Le plus agile de tous les Coléoptères, dit Léon Dufour

C. chloris. On la trouve assez communément autour des paquets de neiges non encore fondues en juillet, au col de Raus et à la Madone de Fenestres.

C. literata. Je n'ai rencontré qu'une fois, sur les sables de l'embouchure du Var, en juillet, cette espèce si délicate de forme et de dessin.

C. trisignata. Habite les sables de la mer à Cannes, où elle est assez commune en juin et juillet.

C. flexuosa. Au Var [1] et à Vintimille en juin. Rare.

C. Germanica. Pas commune dans les dunes du Var et de la Roya à Menton et à Cannes, en juin.

C. littoralis. Etait très commune à la fin de mai 1878 sur les sables humides de la plage du golfe Juan. Je l'ai prise plusieurs fois sur les promenades de Cannes au bord de la mer.

CARABIDÆ [2]

Les *Carabiques* ont beaucoup de rapports avec les *Cicindèles;* comme elles ils sont carnassiers dans leurs deux états de larve et d'insecte parfait ; aussi ne peut-on trop blâmer les horticulteurs maladroits, qui, souvent, se plaisent à détruire ces beaux *Carabes* dorés habitant leurs jardins où ils vivent exclusivement de vers de terre, de limaces et d'escargots, sans nuire ni aux plantes ni à leurs racines.

Les *Carabiques* ont la tête plus étroite que le corselet ; plusieurs espèces sont privées d'ailes membraneuses, d'autres n'ont point d'yeux *(Anillus)*, et habitent sous les pierres profondément enfoncées et dans les grottes et cavernes. La larve vit en terre et c'est sous les pierres, sous les détritus et les mousses que se tient d'habitude l'insecte parfait. Certaines espèces se rencontrent sur les plantes *(Lébies)*, d'autres affectionnent l'abri des écorces *(Dromies)*, plusieurs sont nocturnes ou crépusculaires *(Carabes, Chlænies)*. Presque toutes

---

[1] Lorsque nous dirons qu'un insecte a été trouvé au Var, cela voudra dire qu'il l'a été à l'embouchure du Var.

[2] Comte Dejean (spécies général des Coléoptères de France 1826).
Faune entomologique de Fairmaire et Laboulbène (1854).
Genera des Carabiques de Jacquelin du Val (1854-1855).

ont une odeur assez prononcée *(Calosomes Chlænies)* et répandent par la bouche et par l'anus, lorsqu'on les saisit, une liqueur noirâtre et caustique.

D'autres enfin *(Brachines, Aptines)* ont la faculté excessivement curieuse de se défendre en lançant coup sur coup, par l'anus, des détonations de gaz, très perceptibles à l'ouïe, à l'œil et à l'odorat.

L'éclosion des *Carabiques* a lieu au printemps et en automne.

OMOPHRON (Latreille)

O. limbatum. Ce joli petit *Carabique* a été pris par MM. Gautier de Nice et Linder, sur les sables au Var, en mars et en avril. — Rare.

NOTIOPHILUS (Dumeril)

N. aquaticus. Sur les cimes neigeuses de l'Aution à 1,500 mètres au-dessus du niveau de la mer, j'ai trouvé cet insecte en assez grande abondance. Un pareil habitat m'avait fait croire à une espèce nouvelle, mais il n'en était rien : le *Notiophilus* de l'Aution et de la Madone de Fenestres est le même que celui qui vit sous les pierres du Var.

N. rufipes. Se rencontre, mais plus rarement dans les mêmes conditions.

N. Germinyi. A Antibes, en mars, autour des mares.

N. biguttatus. Figure dans le catalogue de M. Gautier de Nice comme habitant les Alpes-Maritimes.

ELAPHRUS (Fabricius)

E. cupreus. Dans les terrains boisés de l'embouchure du Var, sous les feuilles humides à la suite des inondations de mars. — Pas rare.

E. riparius. En juin, sur les sables autour des mares ; au Var, à Cannes et à Antibes. — Pas rare.

CYCHRUS (Fabricius)

C. rostratus. J'ai rencontré cette espèce essentiellement montagneuse dans presque toutes les forêts du département, en mai sous les grosses pierres ou les mousses. — Pas rare.

C. attenuatus. Même habitat, mais moins commun.

C. Italicus. On trouve, dit-on, cette espèce rare et nouvelle pour la faune française sous des amas de feuilles dans les ravins de la forêt de la Maïris en mai et juin.

CARABUS (Linné) (1)

C.· coriaceus. C'est le plus grand, le plus fort et le plus vorace des *Carabes* français ; assez commun dans le centre il est rare dans nos contrées méridionales ; je l'ai pris cependant de loin en loin autour de Nice dans les jardins, sous les foins coupés, et contre les murailles derrière les herbes ; son humeur est des plus belliqueuses.

C. intricatus. Ce *Carabe*, d'un bleu chagriné, ne sort que la nuit ; on le rencontre parfois le soir, et au petit jour traversant les chemins humides de la haute montagne (Roquebillère, Saint-Martin-de-Lantosque), en mai ; pendant le jour, il se retire au pied des châtaigniers et le plus souvent sous les grosses pierres qui, dans les prairies, servent à diriger la distribution des eaux d'irrigation.   .

C. vagans. Le *vagans* paraît remplacer dans nos localités l'*auratus* si commun dans le centre de la France, c'est à peu près le seul *Carabe* de la plaine ; ses refuges de prédilection sont les amas d'herbes et le pied des arbres, dans les jardins de Saint-Roch ; il n'était pas rare dans ceux aujourd'hui détruits de la Condamine (Monaco). M. l'abbé Clair le prend en abondance dans les inondations de la Siagne et de son canal dérivatif.

C. Italicus. Cette espèce, plus petite et plus allongée que la précédente a été trouvée, mais rarement, autour de Saint-Martin-de-Lantosque, de la Bollène et de Figaret dans la vallée de la Vésubie, sous les pierres des prairies.

(1) Les *Carabes* mordent assez énergiquement les imprudents qui les prennent sans précautions
Ils répandent par la bouche une liqueur noire et âcre.

C. granulatus. En juin, sous les pierres, à Berthemont et à la Bollène. — Rare.

C. catenulatus. Pas rare en juin, dans les forêts de Clans et au Férisson, sous les billots.

C. cancellatus. A la Bollène et à Berthemont, au pied des arbres, en juin.

C. Alpinus. Cette charmante espèce est assez commune en juin et juillet, sur les pentes gazonnées du Férisson, où elle vit sous les pierres, en société avec le *Sphodrus Alpinus.*

C. nemoralis. J'ai trouvé une seule fois, ce *Carabe* dans un torrent de la Madone de Fenestres en juillet avec le *Platynus depressus.*

C. arvensis. Pris par M. l'abbé Clair, à Saint-Martin-de-Lantosque sur les hauteurs.

C. convexus. Dans les mêmes conditions que le *nemoralis* et le même jour.

C. monticola. Trouvé en juin, dans un torrent qui aboutit à Berthemont, au bord de l'eau ; il semble remonter lorsque les neiges fondent.

C. Solieri. Ce superbe *Carabe* est nouveau pour la faune française ; il doit apparaître dans les hautes montagnes aussitôt après la fonte des neiges, car j'en ai rencontré de nombreux débris en juin et juillet sous les pierres et les arbres abattus. MM. Hoffmensegg et Clair ont pris la variété bleue dans la vallée du Boréon à de grandes hauteurs ; en automne, j'ai trouvé le type à la Maïris sous des feuilles sèches de hêtres.

C. auratus. Var. Lasserei. Cette variété est originaire des hautes vallées des Alpes-Maritimes ; elle a été déterminée par M. Doué.

C. violaceus. J'ai vu quelques exemplaires de cet insecte, venant de la vallée de la Tinée.

CALOSOMA (Weber)

C. sycophanta. Ce magnifique *Carabique* d'un vert doré vit aux dépens des chenilles processionnaires qu'il poursuit jusque dans leur nid sur les jeunes chênes, les prunelliers ou les aubépines. Il répand une odeur très forte et doit être manié avec précaution, car il garde de ses fréquentations avec les chenilles une partie de leur venin. Je l'ai recueilli à Sospel en juin, en battant au parapluie une haie de prunelliers, située dans le chemin de traverse qui mène du col de Braus à Sospel. — Pas commune.

PLATYNUS (Bonnelli)

P. depressus. Nouveau pour la faune française. Chaque année, depuis 1860, j'ai rapporté de la Madone de Fenestres quelques exemplaires de ce rare *Carabique* qu'il faut chercher en mai et juin sous les paquets de neiges.

Je l'ai rencontré aussi à une moins grande altitude, mais toujours au bord des neiges dans les parties de torrents que ne visite jamais le soleil, au Boéron, à Salèses et même à Berthemont. — Pas rare dans ces conditions.

Il est probable que, comme la *Nebria castanea* et le *Carabus monticola*, le *Platynus depressus* remonte au fur et à mesure que les neiges fondent.

NEBRIA (Latreille)

N. complanata. Cette espèce des bords de la mer se prend au Var rarement, à Cannes plus communément, sur les sables, sous les bois échoués et les détritus apportés par les vagues. La *Nebria complanata* tourne facilement au gras et est bientôt méconnaissable dans les collection . — Pas commune.

N. brevicollis. Commune un peu partout au printemps, sous les pierres humides, au pied des arbres et des murailles que des herbes bordent.

N. psammodes. Commune en juin sous les pierres, au bord de la Vésubie, de la Bevera, de la Roya et de la Tinée.

N. picicornis. Dans les mêmes conditions que la précédente, mais plus commune à Guillaumes et à Saint-Sauveur.

N. Jockischii. Pas rare au pied des cascades de la vallée de Cairos et dans celle de Berthemont en juillet.

N. castanea. Assez commune ainsi que ses variétés sur les hauts plateaux de la Madone de Fenestres et de l'Aution, sous les paquets de neiges en mai et en

juin ; elle remonte lorsque le dégel se produit et devient
très commune autour des crevasses où les neiges sont,
pour ainsi dire, éterne'les.

LEISTUS (Fraehlich)

L. spinibarbis. On le prend en juin et en juillet sous
les mousses et au pied des arbres à Sospel, à Monaco,
à Menton et au Var. — Pas raie.

L. fulvibarbis. Dans les mêmes conditions.

L. ferrugineus et piceus. Figurent au catalogue
inédit de M. Gautier de Nice comme ayant été trouvés
dans es parties montagneuses du département.

SCARITES (Fabricius)

S. gigas. Cet insecte carnassier, de grande taille,
noir et à facies exotique, n'est pas rare en mai et juin
sur la plage de Cannes et du golfe Juan, il est crépusculaire, mais on le rencontre assez souvent pendant le
jour au bord de son trou, creusé obliquement et profondément. *(Querens quem devoret.)* Vers la fin de
mai on remarque déjà sur les sables des débris de ce
Carabique.

S. lævigatus. Dans ces mêmes conditions mais peu
com'un ; j'en ai recueilli d'assez nombreux exemplaires noyés par la vague.

S. arenarius. Pris au bord de la mer par M. Gautier
à Menton et par M. le docteur Grandvilliers au Var. —
Pas commun.

CLIVINA (Latreille)

C. fossor. Pas rare en juin sous les débris et sur les
sables du Var ; pris aussi à Antibes dans les détritus
au pied des haies.

DYSCHIRIUS (Bonnelli)

D. globosus et æneus. Pas rares dans les endroits
humides, sous les mousses et les billots.

APTINUS (Bonnelli)

A. Alpinus. M. Linder et moi avons trouvé ce joli petit *Carabique*, en juin et juillet, sous les pierres, les mousses et les feuilles tombées de la forêt de la Maïris, où il vit en compagnie du *Pterostschus bicolor*, du *Cychrus attenuatus* et du *Carabus Solieri*. Il est à remarquer que cette espèce habite de préférence le bord des routes fréquentées par les mulets, ce qui ferait présumer qu'elle recherche leurs excréments et surtout leur urine.

L'*Alpinus* choisit plus particulièrement pour refuge le dessous des pierres profondément enfoncées dans le terreau des feuilles de hêtres ; ainsi que les *Brachines* il se défend, en lançant, coup sur coup, une suite de détonations de gaz sulfureux ; comme il est peu agile et de couleur sombre, il passerait souvent inaperçu, s'il ne trahissait sa présence par ces décharges réitérées ; je l'ai inutilement cherché ailleurs.

BRACHINUS (Weber)

B. crepitans et explodens. Ces charmants insectes d'un bleu verdâtre à corselet rouge sont assez communs un peu partout sous les pierres, au printemps ; ils sont souvent couverts de parasites cryptogamiques, sur lesquels notre collègue, M. Rouget de Dijon, a appelé l'attention des naturalistes. Comme l'*Aptinus*, les *Brachines* font des décharges de gaz lorsqu'on cherche à les prendre.

B. bombarda, sclopeta, exhalans figurent aux catalogues inédits de MM. Gautier et Bruyat de Nice, comme ayant été trouvés dans les Alpes-Maritimes.

DRYPTA (Fabricius)

D. dentata. Un seul exemplaire, en mai, sous les pierres, au Var, au bord d'une flaque d'eau couverte de roseaux. — Rare.

POLYSTICHUS (Bonnelli)

P. fasciolatus. Pris à la suite des inondations du Var et de la Siagne. — Pas rare.

ODACANTHA (Gaykull)

O. melanura. Se trouve, mais rarement, au Var sur les roseaux ou sous les pierres qui avoisinent les mares. Il a été pris aussi à Antibes et à Cannes, mais rarement.

DEMETRIAS (Bonnelli)

D. atricapillus. Au Var sous les feuilles sèches et sur les roseaux.

DROMIUS (Bonnelli)

D. 4-signatus. Pris la variété de protorax non rembruni, d ns la forêt de Boréon, en battant au parapluie les branches mortes des sapins.

D. 4-notatus. Pas rare à la Madone de Fenestres et à Salèses ; la la. ve paraît vivre aux dépens de celle du *Pissodes notatus, Curculionide* fort commun sous les écorces des pins et sapins abattus.

D. fenestratus. Assez commun à Menton sous les écorces des platanes, en février.

D. linearis. On le prend un peu partout au printemps, en battant les fagots.

BLECHRUS (Motschulsky)

B. glabratus. Sans désignation de localité.

METABLETUS (Duft)

M. foveola. Rencontré assez communément sous les pierres, à la suite de la fonte des neiges, à une altitude de 1,500 mètres.

M. truncatellus. Pris à Nice, en juillet, par M. Bruyat.

LYONYCHUS (Wissmann)

L. quadrillum. Pas rare, en mars, à Menton et à Sospel, sous les écorces des platanes.

AMBLYSTOMUS (Dejean)

A. metallescens. Je l'ai pris au golfe Juan, en mai, en fauchant sur les plantes basses.

LEBIA (Latreille)

Les *Lébies* sont presque les seuls *Carabiques* qui vivent sur les plantes. Il est assez probable qu'elles viennent y chercher les pucerons dont elles se nourrissent. Toutes les *Lébies* de France ont le corselet rouge.

L. crux-minor. La variété *nigripes* habite les fleurs de l'*Asclepias vincetoxicum* qui est abondant dans la haute montagne ; cet insecte n'est pas rare en été dans la vallée de Cairos, à Lantosque et sur la route de Moulinet.

L. Turcica. Commune en juin, sur les pousses basses des ormes, dans les vallons du Magnan et de la Mantega.

L. cyanocephala. Pas rare à Sospel, à Monaco et à Menton, en automne, sous les pierres et en été sur les buissons.

L. hæmorrhoidalis. J'ai pris cette jolie petite espèce, en assez grande quantité, au Var sur les aulnes et à l'Estérel sur les bruyères ; c'est déjà sur la bruyère que je l'avais rencontrée autrefois dans le Nivernais.

L. cyathigera. Prise par M. Gautier au château de Nice sur le *Pinus maritima*. — Rare.

CYMINDIS (Latreille) (1)

C. humeralis. Assez commun dans nos montagnes, sous les pierres des pentes gazonnées de Berthemont et de Belvédère, en juillet et août.

C. coadunata. Variété sans taches humérales. On la prend à la même époque sous les pierres du Férisson.

C. vaporarium. Je n'ai trouvé qu'une fois cette espèce à Berthemont.

C. scapularis. Au Mont-Leuze selon M. Gautier.

PANAGÆUS (Latreille)

P. crux-major. Pris quelques exemplaires de cet insecte, en avril, dans le bois du Var, à la suite d'une inondation.

(1) Les Cymindis se rencontrent rarement dans les plaines.

CALISTUS (Bonnélli)

C. lunatus. Ce joli petit *Carabique* n'est pas commun autour de Nice. Il a été trouvé cependant sous des mottes de gazon, à Levens et sous des écorces de platanes à Sospel, en mars et avril.

CHLÆNIUS (Bonnelli) (1)

C. circumscriptus. Bel insecte méridional qui a été recueilli un peu partout dans le département, à Cannes, à Sospel, sur les bords de la Roya et même au château de Nice ; comme toutes les espèces du même genre, le *circumscriptus* répand, lorsqu'on le saisit, une odeur très prononcée et fort désagréable.

C. festivus. Aux moulins de Monaco et à Beaulieu, au pied des oliviers.

C. chrysocephalus. Rencontré à Beaulieu, à Saint-Jean et à Monaco courant sur la route, en juillet.

C. spoliatus. Un exemplaire au Var, un autre à Antibes, sous des pierres voisines de l'eau. — Rare.

C. velutinus. Pas rare au bord des ruisseaux sous les pierres humides, au pied des arbres, à Sospel, Nice et Menton au printemps.

C. agrorum. Pas rare dans les mêmes conditions.

C. vestitus. Je l'ai trouvé à la suite des inondations au pied des arbres de la vallée du Suchet. — Assez commun.

C. nigricornis variété *melanocornis.* Pas rare dans la même localité et au bois du Var à la suite des crues du fleuve.

C. tibialis et holosericeus. Figurent aux catalogues de M. Gautier et de M. Bruyat.

OODES (Bonnelli)

O. gracilis. Aurait été pris au Var et à Cannes à la suite d'inondations.

(1) Ces insectes sont crépusculaires, ils entrent le soir dans les maisons éclairées.

BADISTER (Clairville)

B. bipustulatus. Commun en mai sous les détritus et au pied des arbres.

B. humeralis. Moins commun que le précédent, mais dans les mêmes conditions.

B. peltatus. Sans indication de localité.

B. unipustulatus. Au pont du Var, d'après M. Gautier.

LICINUS (Latreille)

L. agricola. Commun à Nice et à Menton sur le bord de la mer en toute saison. J'en ai trouvé un certain nombre d'exemplaires en décembre 1876 entre les tiges du *Glaucium luteum.*

L. cassideus. Un peu partout, sous les pierres, dans la montagne, en juin et juillet.

L. æquatus et oblongus. A Saint-Etienne, selon le catalogue de M. Gautier.

L. silphoides. Pris à Nice par M. Bruyat.

POGONUS (Dejean)

P. pallidipennis. Rare. A l'embouchure du Var, sous les détritus.

P. littoralis. Assez commun dans les inondations du Var.

BROSCUS (Panzer) (1)

B. cephalotes. Figure au catalogue de M. Gautier.

PATROBUS (Dejean)

P. rufipennis. J'ai pris dans les inondations du Var cette jolie espèce que M. l'abbé Clair a trouvée assez communément à la Californie, près Cannes sous les pierres.

P. excavatus. Pris au Var par MM. Gautier et Bruyat.

---

(1) Mœurs da *Broscus cephalotes* (Annales 1876, p. CLXXVIII). Ce *Carabique* vit dans les sables au bord de la mer.

SPHODRUS (Clairville)

S. leucophtalmus. Commun dans les caves. et les celliers, vivant avec les *Blaps* auxquels il ressemble par sa couleur noire.

S. Alpinus. Ce bel insecte d'un bleu tendre est très commun au Férisson, près de Berthemont, où il vit sous les pierres avec le *Carabus Alpinus.* Je l'ai trouvé aussi à Nice, au Mont-Boron, sous un rocher profondément enfoncé en terre.

TAPHRIA (Bonnelli)

T. nivalis. M. Gautier aurait capturé cet insecte sur les bords de la Tinée.

CALATHUS (Bonnelli)

C. circumseptus. Etait très abondant en 1861 dans la vallée de la Vésubie, au pied des saules, en juin, à la suite d'une inondation.

C. punctipennis. Commun un peu partout au pied des arbres (Var, golfe Juan, Menton).

C. melanocephalus. Commun autour de Nice sous les pierres.

C. micropterus. Pas rare dans la montagne.

C. fulvipes. Commun au printemps au pied des arbres.

DOLICHUS (Bonnelli)

D. flavicornis. Pris à Nice par M. Teisseire et par M. Bruyat. — Rare.

ANCHOMENUS (Erichson)

A. angusticollis. Au pied des arbres partout au printemps. — Commun.

A. prasinus. Même habitat, surtout au bord de l'eau. — Commun.

A. albipes. Mêmes conditions.

A. sexpunctatus. Au bord de l'eau ; dans la montagne. — Assez commun.

A. lugubris. Pas rare au pied des arbres du Var, en automne.

A. parumpunctatus. On le trouve dans les forêts froides de la haute montagne sous les mousses, les pierres et au pied des arbres.

A. Austriacus. Au bord des mares, en mars, au Var.

A. marginatus. Figure au catalogue de M. Gautier.

ATRANUS

A. rufficollis. Trouvé par M. l'abbé Clair dans les inondations de la Siagne.

OLISTOPHUS (Dejean)

O. rotundatus. Sous les pierres au printemps, au Var, après les inondations. — Pas rare.

O. fuscatus. Plüs rare dans la même localité et à Cannes.

FERONIA (Dejean)

F. cuprea. Commune en juin et juillet sous les pierres, principalement dans la montagne.

F. dimidiata. Dans les mêmes conditions au pied des arbres. — Moins commune.

F. lepida. Insecte des régions froides; il varie beaucoup par la couleur qui passe du vert au noir. — Pas rare.

F. impressa. Prise à Saint-Martin-de-Lantosque, par l'abbé Clair.

F. puncticollis. A Nice, au Var et à Cannes sous les pierres, au printemps. — Pas rare.

F. vulgaris. Dans les bois de Sospel, sous les mousses. — Assez commune.

F. nigrita. Un peu partout, sous les pierres, au pied des arbres.

F. anthracina. Commune au printemps, au Var, au pied des arbres.

F. minor. Au bord de l'eau, au Var, et dans les inondations. — Pas rare.

F. strenua. Rare autour de Nice; trouvée à la suite des inondations du Var.

F. Nicœnsis. Figure dans le catalogue Grenier (1863) déterminée par MM. Villa et Fairmaire.

F. vaguepunctata. Prise à Saint-Martin-de-Lantosque par M. l'abbé Clair.

F. oblongopunctata. Pas rare dans nos montagnes, en juin.

F. picimana. Dans les inondations du Var, en avril.

F. madida. Commune dans les bois, sous les feuilles et les billots. Prise aussi dans les inondations du Var, en avril.

F. cursoria. Au Mont-Agel et, au Mont-Leuze, selon M. Gautier.

F. Koyi. Habite la haute montagne où je l'ai trouvée en juillet sous les pierres du Férisson et du Siruol. — Rare.

PTEROSTICHUS (Bonnelli)

P. parumpunctatus. Un peu partout dans la montagne ; lieux humides ; printemps et automne.

P. Yvannii. On prend la variété à pattes rouges, après la fonte des neiges, sur les hauts plateaux de l'Aution et de la Madone de Fenestres.

P. bicolor. J'ai pris en abondance ce joli *Carabique* nouveau pour la faune française sur les pentes nord du Siruol en juillet 1865. Il vivait là sous des pierres avec l'*Aptinus Alpinus*, le *Carabus Solieri* et le *Cychrus attenuatus.* Il a été trouvé aussi dans les forêts de Saint-Martin-de-Lantosque par M. l'abbé Clair.

P. truncatus. Dans la haute montagne sous les pierres et les billots, en juin et juillet. — Pas rare à Saint-Martin-de-Lantosque, selon M. l'abbé Clair.

P. Lasserei. Même localité, mais plus rare.

P. rufipes. Assez commun dans la montagne, en juin.

P. Honoratii. Pas rare dans les forêts de Saint-Martin-de-Lantosque, sous les arbres abattus et au pied des arbres vivants.

P. Hagenbacchii et *Gautieri.* Catalogue de M. Gautier (montagne).

P. impressicollis. Hauts plateaux, d'après M. Gautier.

ABAX (Bonnelli)

A. striola. Assez commun dans la montagne sous les pierres et les mousses, au printemps et en automne.

A. parallelus. Aussi commun que le précédent.

A. ovalis. Sans désignation de localité.

MOLOPS (Bonnelli)

M. terricola. Pas rare, sous les feuilles et les pierres en juin, dans les bois de Sospel et de Moulinet.

AMARA (Bonnelli)

A. apricaria. Pas rare dans la montagne, sous les pierres.

A. fulva. Dans les mêmes conditions.

A. Cardui. Commune à la Madone de Fenestres, en mai et juin après la fonte des neiges.

A. ovata. Pas rare autour de Nice, sous les pierres, en juin.

A. trivialis. Commune au pied des arbres, au printemps.

A. familiaris. Autour de Nice, dans les chemins.

A. consularis. Assez commune dans les mêmes conditions.

A. patricia. Au moment de la fonte des neiges, à la Madone de Fenestres, j'ai pris en assez grande abondance ce *Carabique* sous les pierres.

A. zabroïdes. Dans les mêmes conditions ; ce n'est peut-être qu'une variété de la précédente.

A. vulgaris. Haute montagne, selon M. Gautier.

A. rufipes. Pas rare au Var, au printemps, à la suite des inondations.

A. ovata. Trouvée à Saint-Martin-de-Lantosque par M. Gautier.

ZABRUS (Clairville)

Z. piger. Pas rare autour de Nice, dans les champs secs, surtout vers le soir, en été, commun dans les inondations de la Siagne.

Z. gibbus. A été pris dans les mêmes conditions à Antibes.

DITOMUS (Bonnelli)

D. fulvipes. Pris par M. l'abbé Clair dans les inondations de la Siagne.

D. Calydonius. Cet insecte à facies étrange a sur l'épistôme une corne horizontale épaisse, tronquée presque bifide à son extrémité inférieure. La corne de la femelle est courte, comprimée et pointue ; il n'est pas rare avec le *fulvipes* dans les inondations de la Siagne où M. l'abbé Clair l'a souvent rencontré.

ARISTUS (Latreille)

A. capito. On prend ce *Coléoptère* à forme exotique à Saint-Hospice, dans les localités très sèches ; il a été pris dans les mêmes conditions à Monaco et à Antibes. — Rare.

A. clypéatus. A Cannes sous les pierres au bord de la mer, en juin et juillet ; pris aussi à l'Estérel par M. Bruyat. — Rare.

APOTOMUS (Dejean)

A. rufus. Ce joli petit *Carabique* a été recueilli par M. l'abbé Clair à Cannes dans les inondations de la Siagne.

ACINOPUS (Dejean) (1)

A. tenebrioides. Se rencontre assez rarement aux environs de Nice sous les pierres, dans les terrains secs, en juin.

A. picipes. A Grasse en juin, sous des pierres à la sortie de la gare.

DIACHROMUS (Erichson)

D. Germanus. Cet insecte n'est pas rare dans les prairies du Var, où il se tient, le soir surtout, au sommet des graminées, je l'ai pris aussi sur les barrières du chemin de fer.

---

(1) Piochard de la Brulerie (Annales 1877 f° 215).

ANISODACTYLUS (Dejean)

A. binotatus. On prend à Nice au printemps dans les prés, au pied des arbres, la variété *spurcaticornis.*

A. intermedius. Trouvé à Cannes par M. l'abbé Clair.

A. pœciloides. Pas rare, au printemps, en plaine, sous les pierres.

A. signatus. Dans les mêmes conditions.

OPHONUS (Ziegl)

O. obscurus. Au pied des arbres dans les prairies.

O. brevicollis. Commun au printemps sous les pierres.

O. columbinus. Pas rare à Nice dans les inondations et au pied des arbres.

O. meridionalis. Au Var, à Menton et à Monaco au pied des arbres. — Assez commun.

O. azureus. Pas rare dans les parties montagneuses, sous les pierres.

O. rotundicollis. Commun sous les pierres à Menton et à Sospel ; on le prend aussi sur les plantes et sur les fleurs des carottes sauvages, dit M. Perris.

O. cordatus. Catalogue de M. Gautier.

O: hirsutulus. Autour de Nice (M. Gautier).

O. sabuticola. Pris au Mont-Leuze par M. Gautier. Je l'ai trouvé moi-même à la Tête-de-Chien (la Turbie).

HARPALUS (Latreille)

H. fuliginosus. En juin, rare sous les pierres, dans les régions froides.

H. sulfuripes. Dans les mêmes conditions, en mai.

H. griseus. Commun dans les lieux humides, se prend aussi le soir, au vol.

H. ruficornis. Sous les pierres et le soir, sur les barrières.

H. tardus. Au golfe Juan, en mai, sur les plantes basses.

H. cordatus. Pris dans les inondations de la Siagne par M. l'abbé Clair.

H. distinguendus. Commun partout, sous les pierres et au vol, à la nuit.

H. semiviolaceus. Commun dans les chemins.

H. anthracinus. Pas rare, dans la montagne sous les pierres et les mousses.

H. latus. Dans les bois au pied des arbres et sous les mousses, en septembre et octobre.

H. rubripes. Sous les pierres, au Var, ou courant dans les chemins.

H. ignavus. Commun au Var, au pied des arbres, à la suite des inondations.

H. Hotentota. Autour de Nice.

H. mendax. Pas rare en octobre dans les inondations de la Siagne. Je l'ai pris aussi au Var, après une forte crue du fleuve.

H. lævicollis. Figure au catalogue de M. Gautier. Je l'ai trouvé aussi aux moulins de Monaco, au pied d'un olivier.

STENELOPHUS (Dejean)

S. Teutonus. Commun au bord de la Tinée, en avril.

S. marginalus. En juin, sous les mousses de la forêt du Siruol.

S. elegans. Sans désignation précise de localité.

ACUPALPUS (Latreille)

A. meridianus. Commun au printemps, sous les pierres, à Cannes et à Nice.

A. exiguus. Au bord du Var et dans les inondations.

A. flavicollis. Commun dans les mêmes conditions.

A. brunnipes et *dorsalis.* Figurent au catalogue de M. Gautier comme pris dans les Alpes-Maritimes.

BRADYCELLUS (Erichson)

B. Verbasci. Abondant dans les détritus des inondations du Var et de la Siagne.

TRECHUS (Clairville)

T. latebricola. J'ai pris un assez grand nombre d'individus de cette espèce, en avril, sous des pierres encore couvertes de neige, à la Madone de Fenestres.

T. longicornis. Autour de Nice, sous les détritus et dans les inondations.

T. minutus et *rubens.* Assez communs, le soir, sur les barrières du chemin de fer et au vol, dans les chaudes soirées du printemps.

T. secalis. Trouvé dans les inondations de la Siagne par M. l'abbé Clair.

T. lævipennis. Sans désignation de localité.

PERILEPTUS (Schaum)

P. areolatus. A Berthemont, en juin, sur les sables d'un torrent.

ANILLUS (Duval)

A. hypogæus ou *frater ?* J'ai rencontré avec M. Linder, ce petit insecte aveugle au sommet du Mont-Chauve sous des pierres profondément enfoncées. Je l'ai repris depuis, dans les mêmes conditions, à Gilette, à Monaco et au Mont-Vinaigrier.

SCOTODIPNUS (Schaum)

S. Aubei. Ce petit *Coléoptère,* aveugle comme le précédent, n'est pas rare dans les premiers jours du printemps, à la Turbie et à Monaco sous les pierres qui recouvrent ou qui avoisinent les fourmilières.

BEMBIDIUM (Latreille) (1)

B. Caraboides. Sans désignation de localité.

B. pygmæum. Rapporté d'une chasse dans la montagne.

(1) Monographe des *Bembidiums* (Jacquelin du Val. Annales 1851, f° 481. — 1852, f° 101 et 523, — 1855, f° 617).

B. lampros. Autour de Nice et au Var, au bord de l'eau. — Assez commun.

B. glaciale. Pas rare au mois de juillet, au Férisson et à la Madone de Fenestres sous les pierres humides.

B. pusillum. Sans désignation de localité.

B: 4.-guttatum. A Berthemont, au bord des torrents, en juillet. — Pas rare.

B. bipunctatum. Vallée du Boréon.

B. rufipes. Au bord de l'eau, au printemps sur les sables du Var. — Pas rare.

B. flavipes. Pris à Nice par M. Gautier.

B. nitidulum. Sans désignation de localité.

B. pallipes. Environs de Nice.

B. decorum. Commun sur les sables du Var et de la Vésubie.

B. guttula. Sans désignation de localité.

B. fasciolatum. Sospel et Breil, au bord de l'eau.

B. angustatum. Catalogue de M. Gautier.

B. conforme. Pas rare au Var sur les sables; printemps et automne.

B. oblungum. Catalogue de M. Gautier.

B. tricolor. Sur les bords de la Roya et de la Vésubie, en mai. — Assez commun.

B. Andreæ. Au Var, sur les sables.

B. eques. Ce *Bembidium*, le plus grand et le plus remarquable du genre, est méridional et assez commun dans le lit du Var, principalement à Puget-Théniers et à Guillaumes. Je l'ai trouvé aussi à l'Escarène dans le lit du Paillon.

B. distinguendum. Sans désignation de localité.

B. cribrum. Pris par M. Bruyat.

B. obsoletum. Sur les sables de la Tinée.

B. Fockii. Catalogue de M. Tappes.

B. Delarouzei. Selon M. Tappes, dans les Alpes-Maritimes.

B. præustum. Pris dans les environs de Cannes par M. l'abbé Clair.

DYTISCIDÆ (1)

Les *Dytiscides*, vivent dans l'eau, sont essentiellement carnassiers et ont une organisation à peu près
semblable à celle des *Carabiques*; on les rencontre plus
fréquemment en automne que dans toute autre saison;
leur corps est généralement ovalaire, uni, lisse, sauf
chez les femelles qui ont les élytres profondément striés
et chagrinés ; leurs pattes postérieures sont aplaties
en forme de rames, ils fréquentent les mares, les sablières, les bassins de nos jardins ; quand vient l'hiver
ils s'enferment dans la vase et dans les mousses ; leur
existence, à l'état d'insecte parfait, dure plusieurs années. M. Regimbart, donne des détails intéressants sur
cette famille. L'accouplement aurait lieu en automne ;
la femelle déposerait ses œufs dans une incision faite
aux plantes aquatiques au moyen de sa tarière cornue
et tranchante.

Les larves des petites espèces vivent dans les tiges
de certaines plantes aquatiques ; mais lorsque vient le
moment de leur transformation en nymphe, elles ga-
gnent les sables voisins, s'y enfoncent et y construisent une loge.

On prend facilement ces insectes en troublant l'eau
et forçant ainsi les *Dytiscides* qui y vivent à venir
respirer à la surface ; on les recueille aussi en promenant le filet sur les plantes qui poussent au fond de
l'eau ou qui garnissent les bords.

DYTISCUS (Latreille)

D. latissimus. Paraît avoir été trouvé à Menton,
dans un bassin. — Rare.

D. marginalis. Commun au printemps et en automne,
dans les bassins du château de Nice et dans les eaux
stagnantes d'Antibes et du Var (2).

---

(1) Faune entomologique (Fairmaire et Laboulbène 1854). Travail de M. Regimbart sur les *Dytiscides* (Annales 1875, f° 201 et 661, Annales 1877, f° 263).

(2) *Ponte* du *Marginalis* (Regimbart, Annales 1875 f° 201).

D. Pisanus. Pas rare dans les mêmes conditions.

D. punctulatus. Dans les bassins du Mont-Boron et de Cannes.

CYBISTER (Curtis)

C. Rœselii. Assez rare ; a été pris dans des bassins à Grasse.

ACILUS (Leach)

A. sulcatus. Se trouve, dit-on, dans les eaux stagnantes du Var et d'Antibes : a été pris par M. Teisseire.

EUNECTES (Erichson)

E. sticticus. Selon M. Gautier cet insecte aurait été trouvé dans les bassins du château de Nice.

HYDATICUS (Leach)

II. cinereus. Assez rare. Au Var et à Antibes.

II. transversalis. Plus commun dans la partie montagneuse du département.

H. Hybneri. Sans désignation de localité.

H. Leander. Pris au château de Nice par M. Gautier.

COLYMBETES (Clairville)

C. fuscus. Commun au printemps, au Var et à Antibes.

C. notatus. Plus rare, dans les mêmes localités.

C. adspersus. Pas commun au Var.

C. corriaceus. Pas rare à Cannes, dans les ruisseaux.

ILYBIUS (Erichson)

I. ater. Pas rare en avril dans les mares et les fossés du Var.

I. fenestratus. Dans les mêmes localités.

I. fuliginosus. Dans les bassins de nos jardins. — Pas rare.

I. meridionalis. A Antibes, dans les mares et les sablières. — Rare.

AGABUS (Leach)

A. melas. Très commun dans les ruisseaux et les lacs de la haute montagne ; à Belvédère, à Moulinet et à Saint-Martin-de-Lantosque.

A. bipunctatus. Commun en plaine, dans les mares.

A. maculatus. En mai, dans le lit du Var et dans le canal des eaux de Roubion.

A. bipustulatus. Très commun partout, même dans les bassins de nos jardins.

A. paludosus. Pas rare dans les mares du Var, au printemps.

A. didymus. Sans désignation de localité.

A. chalconotus, brunneus et *guttatus.* Trouvés par M. Gautier dans les Alpes-Maritimes.

NOTERUS (Clairville)

N. crassicornis. Il est facile de le prendre dans nos bassins en promenant le filet sur les herbes qui, sous l'eau, en garnissent les bords. — Assez commun.

N. semipunctatus. Pas rare dans les mêmes conditions.

N. lævis. A Menton, en juin, dans les bassins ; pris aussi par M. Tappes.

LACCOPHILUS (Leach)

L. hyalinus. Assez commun au printemps dans les sablières et les mares du Var, de Cannes et d'Antibes.

L. testaceus. Aussi commun que le précédent.

HYPHYDRUS (Illiger)

H. ovatus. Pas rare, un peu partout.

H. variegatus. Catalogue de M. Bruyat.

HYDROPORUS (Clairville)

Genre très nombreux et présentant une grande variété dans la disposition du dessin des élytres. Taille petite.

H. depressus. Dans les mares et bassins de la montagne ; assez rare. Il a été pris dans les gorges du Loup par M. l'abbé Clair.

H. inæqualis. Commun au Var dans les eaux stagnantes.

H. luctuosus. J'ai trouvé ce joli insecte sur différents points du département, mais plus communément dans le lit du haut Paillon à l'Escarène en juin et juillet, et à Saint-André en mai.

H. septentrionis. A Berthemont, en juin, dans un ravin, j'ai pris cet *Hydropore* à l'état de nymphe et d'insecte parfait sous des sables très humides. —Assez rare.

H. griseo-striatus. Sans désignation de localité.

H. vestitus. Avec le *luctuosus* dans le lit du Paillon. — Assez rare.

H. Aubei. Dans les mêmes conditions.

H. pubescens. Dans les petits ruisseaux aboutissant au Paillon.

H. incertus. J'ai rencontré cet *Hydropore* en grand nombre en juin et juillet, dans le lac glacé de la Madone de Fenestres, sous les petites pierres qui en garnissent les bords ; je l'ai pris aussi aux trois lacs et au lac de Fremma-Morta.

H. crux. J'ai pris à différentes fois, ce joli et rare petit insecte d'eau, nouveau pour la faune française dans une petite fontaine, très cachée et jamais ailleurs, sur les bords du Var, entre Saint-Isidore et Saint-Martin-du-Var. — rare.

H. halensis. Commun dans les sablières et dans les mares, en avril, au Var et à Cannes.

H. planus. Dans les mêmes conditions.

H. picipes. Pas rare au printemps dans les bassins de nos jardins.

H. minutissimus. Collection de M. l'abbé Clair ; se prend dans les ruisseaux autour de Cannes.

H. sexpustulatus. En mai, dans les eaux stagnantes du lit du Paillon.

H. nigrita. A Cannes et à Antibes, en avril, dans les sablières. — Pas rare.

H. geminus. Commun partout, même dans les bassins de nos jardins, pendant toute l'année.

H. 12-pustulatus et *opatrinus*. Catalogue de M. Gautier.

H. marginatus. Pris à Menton, dans les bassins, en avril.

H. cuspidatus et *varius*. Catalogue de M. Bruyat.

H. Cerisyï. Pris à Nice par M. Tappes.

HALYPHUS (Latreille)

H. elevatus. Insecte des régions froides que l'on rencontre assez souvent dans les eaux stagnantes de nos montagnes, en automne surtout.

H. lineaticollis. Un peu partout dans le lit des torrents.

H. ruficollis. Moins commun, mais dans les mêmes conditions.

H. cinereus. Pas rare à l'embouchure du Var et à celle du Loup.

H. obliquus. Catalogue de M. Gautier.

H. guttatus. Catalogue de M. Bruyat.

CNEMIDOTUS (Illiger)

C. cæsus et *rotundatus*. Communs toute l'année dans nos bassins.

GYRINIDÆ (1)

Les *Gyrins* sont de petits *Coléoptères* très agiles et très carnassiers. Il affectionnent la vive lumière qui fait resplendir le vernis de leur robe et se réunissent d'habitude en bandes nombreuses et toujours agitées dans les petits ruisseaux rapides et les bassins de nos jardins, où ils se livrent en plein soleil et sur la surface de l'eau, à des rondes vertigineuses.

Sortis de leur élément, ils sautent avec une grande vivacité; leurs métamorphoses et leurs mœurs ont été étudiées par M. Léon Dufour. La larve, grêle comme un fil, est munie d'appendices latéraux et velus qui lui donnent l'aspect d'une petite *Scolopendre*.

(1) Faune entomologique (Fairmaire et Laboulbène, 1854).

GYRINUS (Geoffroy)

G. striatus. Le plus commun des *Gyrins* de nos contrées; on le trouve en grandes bandes soit dans le Paillon, soit dans les ruisseaux, soit même dans les bassins des jardins.

G. concinnus. Plus petit de taille et plus rare ; dans les mêmes conditions d'*habitat.*

G. natator. Commun un peu partout, en été.

G. marinus. Aurait été pris dans les eaux saumâtres de Cannes et d'Antibes. — Assez rare.

G. minutus. Dans les fossés des champs de courses, en été, mais rare.

G. urinator. Figure dans les catalogues de MM. Gautier et Bruyat comme pris à Nice.

G. distinctus. Trouvé dans le canal de la Siagne, par M. l'abbé Clair.

ORECTOCHILUS (Lacordaire)

O. villosus. Cette espèce, seule de son genre, est bien caractérisée par sa forme allongée. L'insecte paraît être crépusculaire. Il faut le chercher, au printemps, soit sous les pierres au bord de l'eau courante, soit, mieux encore, en promenant profondément le filet sur les herbes qui poussent sous l'eau, au bord des ruisseaux. — Rare dans nos contrées; je ne l'ai rencontré qu'une fois au *Suchet,* dans la Vésubie.

HYDROPHILIDÆ (1)

Les *Hydrophilides* ne sont pas essentiellement aquatiques ; certaines espèces vivent dans la vase et les matières excrémentielles, quelques-unes même dans les champignons en décomposition. Les larves sont carnassières ; il y en a qui, ne pouvant nager, s'accrochent aux plantes aquatiques. Les transformations

(1) *Palpicornes* (Mulsant, 1844). — Faune entomologique (Fairmaire et Laboulbène, 1854).

s'opèrent généralement hors de l'eau. Dans les petites espèces, les femelles se font, comme certaines araignées, une coque ou une agglutination d'œufs qu'elles fixent sous leur ventre et qu'elles transportent dans leurs évolutions natatoires jusqu'au moment de leur éclosion. Cette famille a été étudiée avec beaucoup de soins par M. Mulsant, dans son ouvrage intitulé : *Palpicornes.*

C'est, en effet, la longueur extraordinaire des palpes maxillaires qui caractérise cette subdivision des *Coléoptères.*

HYDROPHILUS (Geoffroy)

H. piceus. Ce grand insecte, d'un noir verdâtre luisant, est commun dans tous les bassins de Nice, de Monaco et de Menton. Il passe l'hiver dans la vase. La larve, longue de 7 à 8 cent., se nourrit de mollusques et répand, lorsqu'on l'approche, une liqueur noirâtre qui lui permet de disparaître dans l'eau troublée.

« La femelle du *piceus,* dit M. Léon Dufour (Annales 1854, f. 579), file un cocon dans lequel elle dépose ses œufs ; le prolongement corniforme qui surmonte cette curieuse nacelle est en même temps un mât qui maintient son équilibre sur l'eau et un syphon respiratoire pour les larves à naître ; la pointe est constamment émergée. »

HYDROUS (Brullé)

H. caraboïdes ou peut-être *flavipes.* Dans les flaques d'eau stagnantes, au Var, au printemps.

HYDROBIUS (Leach)

H. fuscipes. Pas rare en juillet, dans les eaux stagnantes, au Var.
H. æneus. Mêmes conditions
H. bicolor. Catalogue de M. Gautier.

PHYLYDRUS (Solier)

P. marginellus. Commun dans les mares et dans les bassins de nos jardins.

P. melanocephalus. Dans les mêmes conditions ; la femelle dépose ses œufs dans une coque triangulaire qu'elle attache aux plantes aquatiques (printemps, automne).

HELOCHARES (Mulsant)

H. lividus. Très commun dans les mares et dans les bassins de nos jardins.

LACCOBIUS (Erichson)

L. minutus. Insecte hémisphérique et dont la coloration varie beaucoup ; il est commun à Nice et à Antibes, au printemps, dans les eaux stagnantes.

BEROSUS (Leach)

B. spinosus. Assez commun dans les eaux saumâtres ; il est très agile et se tient ordinairement au milieu des végétaux qui garnissent les bords des mares (printemps et automne).

B. affinis. Dans les mêmes conditions.

B. æriceps et *luridus*. A Nice, d'après le catalogue de M. Gautier.

LIMNEBIUS (Leach)

L. truncatellus. Petit insecte noirâtre qui vit dans les eaux peu courantes où il est presque toujours accroché aux plantes.

L. papposus. Dans les mêmes conditions.

CYLLIDIUM (Erichson)

C. seminulum. Trouvé par M. Linder aux environs de Nice.

HELOPHORUS (Fabricius)

Insectes à forme allongée, d'un vert brun avec reflets métalliques. Larves vivant aux dépens des plantes aquatiques. Certaines espèces se rencontrent dans les sables ou sous la vase desséchée.

H. aquaticus. Au Var et à Antibes, dans les eaux stagnantes et sous les mousses.

H. rugosus. Même habitat. Il résulte des observations de M. Perris un fait assez extraordinaire, la découverte dans un navet, d'une larve de l'*Helophorus rugosus* dont il a donné la description (Annales 1873, f. 183). Les larves des *Hélophores* ne sont donc pas toutes aquatiques.

H. glacialis. Très commun sous les pierres qui bordent les lacs glacés de la Madone et de Fremma-Morta. En troublant l'eau et remuant les cailloux on fait arriver l'insecte à la surface pour respirer.

H. granularis. Catalogue de M. Gautier.

H. grandis. M. Tappes a pris cet insecte au Var.

HYDROCHUS (Leach)

H. elongatus. Cet insecte vole moins que les *Hélophores*, mais, comme eux, il habite les eaux stagnantes et les ruisseaux. Je l'ai rapporté de Cannes, d'Antibes et du Var.

OCHTEBIUS (Leach)

O. æratus. Assez commun, au printemps, dans les sablières du Var.

O. exculptus. Pas rare, dans les mêmes conditions.

O. pygmæus. Dans les mares du Var, mais pas commun, en avril.

O. marinus. Catalogue de M. Gautier.

O. granulatus. Pris par M. l'abbé Clair sous des pierres, dans la conduite d'eau de Venanson.

O. quadricollis et *exaratus.* Catalogue de M. l'abbé Clair.

HYDRÆNA (Kugelm.)

II. riparia. Prise dans les flaques d'eau de Cannes et du Var, en fauchant sur les plantes aquatiques.

II. pulchella. Sous les mousses du bord de l'eau ; dans les fossés du champ de courses.

CYCLONOTUM (Erichs.)

C. orbiculare. MM. Teisseire et Gautier ont pris cet insecte autour de Nice.

SPHÆRIDIUM (Erichs.)

S. Scaraboides. Commun, en toute saison, dans les matières excrémentielles, dans les bouses de vache surtout et sous les amas de plantes en décomposition.

S. bipustulatum. Commun; dans les mêmes conditions.

CERCYON (Leach)

C. obsoletum. Commun, en été, dans les bouses de vache.

C. hæmorhoidale. Dans les mêmes conditions.

C. littorale. Sous les algues, à Cannes et aux îles Sainte-Marguerite. — Pas rare.

C. pigmæum. Dans les mêmes conditions.

C. melanocephalum. Même habitat.

C. quisquillium. Sous les végétaux en décomposition. — Pas rare.

CRYPTOPLEURUM (Mulsant)

C. atomarium. Commun dans les bouses de vache, les champignons et les fumiers.

SILPHIDÆ (1)

Les *Silphes* et les *Nécrophores* sont des insectes utiles en ce sens qu'ils semblent avoir pour mission dans leurs deux états actifs de nous débarrasser promptement des animaux morts et des végétaux en décomposition. Ils sont de grandeur moyenne, leur robe est généralement sombre, mais parfois cependant d'une richesse sévère ; leur agilité est remarquable et leur odorat est des plus fins ; on les voit accourir immédiatement dès qu'on dépose sur le sol un corps mort (rat, taupe, couleuvre) ; ils fréquentent aussi les champi-

(1) Faune entomologique (Fairmaire et Laboulbène, 1851).

gnons et même les plantes et les arbres où ils poursuivent sans doute les chenilles.

Les larves de cette famille recherchent non-seulement les corps en décomposition, mais les limaces et les escargots vivants dont elles se nourrissent.

NECROPHORUS (Fabricius)

N. humator. Assez commun en été, sous les cadavres d'animaux.

N. vestigator. Paraît remplacer dans le Midi le *vespillo.* — Pas rare.

N. mortuorum. En automne dans les gros champignons. — Rare.

SILPHA (Latreille)

S. littoralis. Commune dans les carcasses d'animaux, en été.

S. rugosa. Commune en été, sous les petits animaux morts, ou courant dans les sentiers.

S. obscura. En été, un peu partout.

S. puncticollis. Pas rare autour de Nice dans les chemins.

S. thoracica. Cette belle espèce se trouve dans les bois de Sospel, sous les mousses et les champignons. — Pas commune.

S. 4-punctata. On la prend dans les mêmes bois en battant au parapluie les petites branches qui poussent le long du tronc des chênes ; l'insecte est sans doute là, à la chasse des chenilles processionnaires. — Assez rare.

S. nigrita. Commune, surtout la variété *Alpina,* dans la haute montagne, au col de Croux et à la Madone d'Utelle, sous les pierres et courant sur le sol, en mai et juin.

S. atrata. Commune sous les mousses au printemps; fait la chasse aux limaces.

S. carinata. Trouvée par M. Teisseire.

S. reticulata. Prise dans l'*Arum serpentaire* par M. le docteur Grandvilliers.

S. tristis et granulata. Catalogue de M. Gautier.

SPHÆRITES (Duftsch)

S. glabratus. Pris en assez grand nombre sous les écorces des pins morts dans la forêt de Salèses et au Moulinet ; insecte de champignons.

AGYRTES (Frœhlich)

A. castaneus. Trouvé sous des écorces, à Levens par M. Linder.

CHOLEVA (Latreille)

C. angustata. A Monaco, sous les feuilles d'oliviers décomposées par l'humidité.
C. sericea. Commune sous les détritus et sous les écorces.
C. fumata. Pas rare ; sans désignation de localité.
C. agilis. Commune dans les bois humides et même dans les rues sombres ; se prend aussi le soir au vol.
C. chrysomeloïdes. Dans les bois humides, sous les pierres et les billots.
C. nigricans. Sans désignation de localité.
C. picipes. Pas rare, en mai, sous les pierres reposant sur des feuilles sèches.

CATOPSIMORPHUS (Aubé)

C. arenarius. Pris sur les barrières du chemin de fer, à la nuit. — Assez rare.

COLON (Herbst)

C. brunneus. Pris à Nice par M. Tappes.

ADELOPS (Tellkf)

A. Aubei. Sous les pierres, en juin et en juillet, au Mont-Chauve et à Monaco. Cet insecte est presque aveugle ; on rencontre d'autres espèces du même genre dans les grottes et sous les mousses. — Rare.
L'*Aubei* a été recueilli par M. l'abbé Clair dans les inondations du canal dérivatif de la Siagne à Cannes.

HYDNOBIUS (Schaum)

H. punctatus. Dans les bois du Var, au mois de juin, le soir.

ANISOTOMA (Illiger)

A. calcarata. Se prend en fauchant sous les grands bois en été.

A. parvula. Dans les mêmes conditions.

A. Badia. Dans les grands bois.

A. ovalis. Sur les barrières du chemin de fer au Var, à la nuit.

CYRTUSA (Erichson)

C. minuta. Se rencontre dans les filets lorsqu'on a fauché sur les prairies ombragées.

C. subtestacea. Dans les mêmes conditions.

AGATHIDIUM (Illiger) (1)

A. nigripenne. En mai, sous les écorces dans la forêt de Salèses et au Boréon.

A. densatum. En mai, au Var, sous les écorces d'arbres. — Rare.

A. atrum. On le prend au Var, en battant les fagots après les inondations du printemps.

CLAMBUS (Fischer)

C. pubescens. Un peu partout, en été.

C. armadillo. Commun sous les pierres et les débris de végétaux ; on le prend aussi au pied des meules de foin et de paille.

COMAZUS (Fairmaire)

C. dubius. Pas rare ; trouvé à Nice sous des madriers servant à isoler des tonneaux.

---

(1) Monographie (Brisout de Barneville, Annales 1872, f° 169).

TRICHOPTERYADÆ (1)

Famille composée des plus petits *Coléoptères* connus. Ils sont très agiles, volent facilement et se tiennent principalement sous les détritus et dans les fourmilières. M. Perris a étudié leurs larves.

TRICOPTERIX (Kirby)

T. atomaria. Assez commun sous les feuilles tombées d'oliviers, à Villefranche et à Monaco en février et mars.

T. grandicollis. Même habitat.

T. Guerinii. Se prend sous les fumiers et le soir sur les barrières. — Assez rare.

PTILIUM (Gyllenhal)

P. transversale. Sous les feuilles mortes d'oliviers dans le voisinage des fourmilières, au printemps.

P. minutissimum. Suivant les indications données par M. Rouget de Dijon je l'ai capturé sous des pierres recouvrant du fumier, à Levens, en mai.

PTINELLA (Matth...)

P. aptera. Sans ailes et sans yeux ; se prend sous les écorces, au printemps.

PTENIDIUM (Erichson)

P. apicale. Au Var, sous les billots et les détritus humides, en été. Il a été trouvé dans les mêmes conditions à Menton par notre regretté collègue M. Arias.

NOSSIDIUM (Erichson)

N. pilosellum. Pas rare au bois du Var, en été, au pied des arbres, sous les végétaux, les champignons et les mousses.

(1) Faune entomologique (Fairmaire et Laboulbène, 1854).

SCAPHIDIIDÆ (1)

Ces insectes, très agiles, vivent dans les champignons, les bois pourris et les os desséchés.

SCAPHISOMA (Leach)

S. agaricinum. Commune dans les champignons, à Berre et à l'Escarène.

SCAPHIDIUM (Olivier)

S. 4-maculatum. Pris à la Maïris, en battant au parapluie les branches mortes des mélèzes.

SCYDMENIDÆ (2)

Les *Scydmænides* vivent dans les détritus de végétaux et dans les fourmilières.

CEPHINIUM (Müll...)

C. Keisenwetteri. Sans désignation de localité.

SCYDMÆNUS (Latreille)

S. scutellaris. Pas rare autour de Nice, au printemps, dans les fourmilières *(Formica rufa)*.
S. hirticollis. Trouvé à Cannes sous des pierres.
S. intrusus. Dans les mêmes conditions et le soir en fauchant.
S. Sparshalli. Dans les chantiers de bois à brûler, en mai et le soir sur les barrières.
S. Wetterhalii. Le soir, sur les grandes herbes, dans les prés. — Assez rare.

(1) Faune entomologique (Fairmaire et Laboulbène, 1851).
(2) Idem.

EUMICRUS (Laporte)

E. tarsatus. Un peu partout.

CHEVROLATIA (Duval)

C. insignis. A été prise par M. Linder dans les prairies du Var.

LEPMOMASTAX (Pirazz)

L. Delarouzei. Avec M. Linder j'ai pris assez souvent cet insecte rare, en janvier et février, sous les pierres et sous les feuilles sèches et pourries dans les terrains rouges du Fabron, du Gairaut et du Montboron.

PSELAPHIDÆ (1)

Insectes de petite taille à couleurs sombres ; quelques espèces ont les élytres plus courtes que le corps. Ils vivent cachés sous les mousses, dans les fumiers et les fourmilières.

Les *Pselaphiens* volent facilement et se tiennent souvent à l'extrémité des plantes quand vient le soir ; ils sont carnassiers et vivent d'*Acarus.*

Certains d'entre eux, les *Clavigers* accomplissent leurs transformations dans les fourmilières.

M. de Germar a écrit des pages fort intéressantes au sujet des rapports qui existent entre les *Clavigers* et les *Fourmis.*

PSELAPHUS (Leach)

P. Heisei. Se prend au vol dans les endroits humides, sous les pierres et au pied des arbres, en été. — Rare.

TYCHUS (Leach)

T. niger. Un peu partout sous les écorces, en juin et juillet.

(1) Faune entomologique (Fairmaire et Laboulbène, 1854).

BYTHINUS (Leach)

B. securiger. Trouvé à Nice sous les écorces par M. Linder, à la Mantega.

BRIAXIS (Leach)

B. impressa. Au Var, en décembre 1876 dans la cavité centrale du *Glaucium luteum,* avec beaucoup d'autres espèces. — Assez rare.

B. sanguinea. Pas rare dans les marais de Cannes et d'Antibes.

B. fossulata. Dans les mêmes conditions.

B. Lefebvrii. Dans les mêmes conditions.

B. antennata. Nice, catalogue de M. Gautier.

FARONUS (Aubé)

L. Lafertei. A Villefranche et à Monaco, sous les feuilles mortes d'oliviers et à Lantosque, au pied d'une meule de blé, en avril. — Assez rare.

AMAUROPS (Fairmaire)

A. Gallicus. Trouvé sur la nouvelle route de Villefranche et à Monaco au pied des oliviers, sous les feuilles en décomposition, aux premiers jours du printemps. — Pas commun.

EUPLECTUS (Leach)

E. ambiguus. Dans les les prés, au Var, en fauchant sur les herbes à la tombée du jour.

E. signatus. Pas rare autour des fumiers, sous les pierres.

CLAVIGER (Preyssler) (1)

C. testaceus. Je l'ai pris dans les fourmilières à Sospel, à Gilette, au Mont-Chauve. — Pas commun.

Il paraîtrait que les fourmis nourrissent les *Clavi-*

(1) Note de M. Lespès (Annales, 1858, p. xxxviii).

gers et en reçoivent en échange une espèce de liqueur dont elles sont très friandes et qu'elles trouvent au-dessus de l'abdomen de ces insectes.

TRIMIUM (Aubé)

T. brevicorne. Pas rare dans nos maisons au prin-temps, doit provenir des bûchers.

STAPHYLINIDÆ (1)

Les *Staphylins* se distinguent des autres *Coléoptè-res* par leur corps allongé et surtout par leurs élytres qui n'ont souvent qu'une longueur très restreinte, tel-lement restreinte même que parfois elles n'abritent qu'imparfaitement les ailes membraneuses.

Ces insectes ont beaucoup de rapports avec les *For-ficules;* leur abdomen, qu'ils relèvent d'habitude, est presque toujours couvert de pubescences. Etant géné-ralement carnassiers, ils sont utiles à l'agriculture et on aurait tort de les détruire lorsqu'on les rencontre chassant dans les sentiers; ceux qui ne se nourrissent pas de proies vivantes s'adressent aux excréments ou aux végétaux en décomposition.

Les *Staphylinides* sont essentiellement crépusculai-res; certains d'entre eux vivent dans les fourmilières et même dans les nids de *guêpes.*

Leur agilité est remarquable, principalement chez les espèces qui fréquentent le bord des cours d'eau.

ANTALIA (Stephens)

A. impressa. Vit dans les bolets ou parmi les végé-taux en décomposition. — Pas rare.

FALAGRIA (Stephens)

F. sulcata. Corselet plus dégagé que dans l'espèce précédente; on prend cet insecte soit au vol, le soir,

1. Faune entomologique (Fairmaire et Laboulbène, 1854). — Malsant (Monogra-phie des *Brevipennes*).

soit sous les pierres, dans les endroits humides, soit,
enfin, près des fumiers.

F. sulcatula. Dans les mêmes conditions.

F. thoracica. Plus commune que les précédentes.

F. nigra. J'ai trouvé cette espèce, en décembre 1878,
dans la cavité centrale du *Glaucium luteum.*

F. obscura. Pas rare, au Var, en mai.

TACHYUSA (Erichson)

Insectes qui vivent au bord des rivières ; ils courent
sur les sables en relevant leur abdomen.

T. scitula. Vallon du Paillon, en juin.

T. coarctata. Pas rare au Var, sur les sables des
mares, en juin et en juillet. Prise aussi à Antibes.

CALLICERUS (Gravenhorst)

C. atricollis. A Nice, d'après M. Tappes.

CALODERA (Mannerheim)

C. rubens. Trouvée à Cannes, dans un endroit humide.

C. rubicunda. Catalogue de M. Gautier. Je l'ai prise
à Menton, en fauchant, le soir, sur les hautes herbes.

CHILOPORA (Krantz)

C. longitarsis. Assez commune, en été, au bord du
Var et de la Bevera.

OCALEA (Erichson)

O. decumana. A Cannes, mais rarement, au printemps, autour des mares.

MYRMEDONIA (Erichson)

Ces insectes, de couleur sombre, vivent dans les
mousses, au pied des arbres, souvent en société avec
les *Fourmis* ; on les rencontre aussi au milieu des débris
de végétaux.

M. canaliculata. Sous les feuilles mortes auprès des fourmilières ; M. Gautier l'a prise dans une fourmilière.

M. humeralis. En automne, sous les pierres, à Levens, avec la *Formica fuliginosa.*

M. fumata. Plus noire que les autres espèces. Prise dans les mêmes conditions.

M. fulgida. M'a été donnée par M. Linder, comme prise à Nice.

BOLITHOCARA (Mannerheim)

B. lunulata. Assez commune, en juin, dans les bolets en décomposition.

PHLŒOPORA (Erichson)

P. reptans. Commune dans les régions montagneuses, sous les écorces de sapins morts.
P. corticalis. Dans les mêmes conditions.

HYGRONOMA (Erichson)

H. dimidiata. Joli petit insecte à fond noir. On le prend, au Var, autour des mares au milieu des joncs ; il est très agile et se dissimule facilement sous les végétaux.

HOMALOTA (Mannerheim)

Genre très nombreux et très difficile à déterminer. Les *Homalotas* se rencontrent sous les pierres, au pied des arbres, sous les écorces, dans les détritus et les cadavres d'animaux.

H. elongatula. Sous les bouses et autour des mares du Var (abdomen brillant).

H. brunnea. Je l'ai prise dans les prés des environs de Nice, au vol, le soir, ou en fauchant sur les herbes ; trouvée aussi sous les détritus, dans la même localité.

H. sericans. Dans les bois de pins, sous les champignons en décomposition. — Pas commune.

H. nigritula. Pas rare ; dans les mêmes conditions.

H. trinota. Assez commune dans les champignons.

H. flavipes. A Monaco, au pied des oliviers, autour des fourmilières.

H. anceps. Dans les mêmes conditions.

H. fungi. Commune dans les détritus laissés par les inondations du Var, en avril.

H. luctuosa. En été, dans les bois sous les mousses. — Pas commune.

H. angustula. Au printemps, à Cannes et à Antibes au bord des mares.

H. tibialis. Prise au lac de la Madone de Fenestres sous les pierres au pied des neiges.

H. longicornis. Commune dans les fumiers, en automne.

H. circellaris. Pas rare à Antibes autour des flaques d'eau, en mars.

H. umbonata. Sans désignation de localité.

H. arcana. Pas rare sous les billots et les écorces, en été.

H. talpa. Le soir, au vol, ou sur les barrières du chemin de fer, en été.

H. analis. Dans les mêmes conditions.

H. melanaria. Commune dans les fumiers et les excréments.

H. minor. Sans désignation de localité.

H. plana. Au bord du Var et à l'embouchure du Paillon, en été.

H. autumnalis. Prise au Riquier par M. Gautier.

H. sodalis. Prise à Nice par M. Bruyat.

H. æneicollis et sericea. Prises à Nice par M. Tappes.

LEPLUSA (Kraatz)

L. curtipennis. Trouvée à Cannes, en mars, par M. Linder.

L. ruficollis. Trouvée dans les régions froides en battant des fagots (juin et juillet), et au Var, en mai, dans les mêmes conditions d'habitat.

OXYPODA (Mannerheim)

O. lividipennis. Vit dans les fumiers et sous les végétaux en décomposition.

O. opaca. Pas rare dans les champignons au col de Braus, en juin.

O. hæmorrhoa. Commune dans les fourmilières, en automne, à Sospel et à Menton.

O. ferruginea. Au Var contre les arbres et à Sospel sous les écorces, en mars.

O. Maura. Au Var, au pied des arbres après les inondations de mars.

O. curtula. Pas rare au Var, sous les écorces de bouleaux abattus et dans les herbes qui les entourent.

ALEOCHARA (Gravenhorst)

Ce genre, à corps assez épais, habite dans les champignons putréfiés et les cadavres d'animaux ; certaines espèces exotiques vivent, dit-on, dans les nids d'*Hirondelles* de rivage.

A. fuscipes. Assez commune au Var autour des cadavres d'animaux.

A. rufipennis. Prise dans le lit du Var, en mars.

A. brevipennis. Partout sous les détritus.

A. mæsta. Assez commune sous les végétaux en décomposition à Cagnes et au Loup.

A. fumata. Prise au Var par M. Gautier.

A. rufipennis. Trouvée au Var, en mai, en tamisant des débris. — Pas commune.

A. mœrens et tristis. Catalogue de M. Bruyat.

HAPLOGLOSSA (Kraatz)

H. prætexta. Cet insecte a été trouvé par M. Linder autour d'une bergerie, à Lantosque.

OLIGOTA (Mannerheim)

O. pusillima. A été trouvée à Saint-Blaise, en mars, près d'une fourmilière.

O. inflata. Au printemps, à la Mantega, sous les écorces. — Assez rare.

GYROPHÆNA (Mannerheim)

G. nana. En été, un peu partout, le soir en fauchant ou sur les barrières.

G. strictula. Au vol, le soir, dans les prés du Var.

PLACUSA (Erichson)

P. humeralis. Vit sous les écorces des pins, dans les forêts de Salèses et du Boréon.

HOMŒUSA (Kraatz)

E. accuminata. Trouvée en février, par M. Linder, au Mont-Gros, dans des fourmilières.

DINARDA (Lacordaire)

D. dentata. Prise par le même dans des conditions identiques, au Mont-Vinaigrier et à Laghet. — Rare.

LOMECHUSA (Gravenhorst)

L. paradoxa. Cet insecte à formes très bizarres, vit dans les fourmilières à la façon des *Clavigers.* Il a été trouvé à Nice, au Mont-Vinaigrier, par M. Linder, qui me l'a fait prendre plus tard à Caucade, en mars. — Rare.

L. strumosa. Au Mont-Chauve, en mars, dans une fourmilière. — Rare.

PHYTOSUS (Curtis)

P. spinifer. Au printemps, sur les bords de la mer ; au Var, à Cagnes et à Antibes.

MYLLÆNA (Erichson)

M. dubia. Trouvée autour de Nice, sans désignation de localité.

M. minuta. Même remarque.

M. intermedia. Pas rare, en avril 1867, au Var, dans les débris de végetaux entraînés par les inondations.

HYPOCYPTUS (Mannerheim) (1)

H. longicornis. Pris le soir, au vol, en fauchant dans les prairies du Var, au mois de juin.

H. semilunus. Pris à Menton, par M. Linder, qui me l'a donné.

CONURUS (Stephens) (1)

C. lividus. Existait en abondance dans les cavités du *Glaucium luteum* en décembre 1876.

C. littoreus. En avril, sous les arbres abattus, au Var et à Cagnes.

C. pubescens. Dans les mêmes conditions.

C. fusculus. En été le soir, au vol et sur les barrières de la voie ferrée.

TACHYPORUS (Gravenhorst)

T. brunneus. En décembre dans la cavité centrale du *Glaucium luteum*, au Var.

T. obtusus. En été, le soir, au vol.

T. hypnorum. Pas rare au Var, en mai, sous les mousses et les détritus.

T. formosus. Sous les feuilles mortes d'olivier et le soir en fauchant.

T. chrysomelinus. Lieux humides ; sous les détritus de plantes.

T. scitulus. En mai, au Mont-Vinaigrier et au Mont-Gros. — Pas rare.

T. erytropterus. Catalogue de M. Gautier.

CILEA (Jacquelin du Val)

C. silphoïdes. En mai, à Drap, sous des pierres, auprès d'un fumier.

---

(1) On prend beaucoup de petites espèces de *Staphylinides*, en visitant à la tombée du jour, les barrières et en promenant légèrement le filet sur la tête des hautes herbes.

Étude sur ces petites espèces (Pandelle, Annales 1879, f. 261).

TACHINUS (Gravenhorst) (1)

T. subterraneus. Au vol, le soir, et dans les excréments, sur les routes.

T. marginellus. Mêmes conditions.

T. rufipes et flavipes. Catalogue de M. Gautier.

T. rubripes et laticollis. Pris à Saint-Martin-de-
Lantosque par M. l'abbé Clair.

BOLITOBIUS (Stephens)

B. atricapillus. Assez commun ; on le prend en
fauchant, le soir, dans les prairies du Var.

B. exoletus. Pas rare en automne dans les champignons, à Sospel et à l'Escarène.

B. trinotatus. Je l'ai pris au Ray et au Mont-Chauve
dans des champignons.

B. pygmæus. Catalogue de M. Gautier.

MYCETOPORUS (Manner...)

M. splendidulus. Trouvé en décembre 1876, dans la
cavité centrale du *Glaucium luteum.*

M. Splendens, punctatus. Pris par M. l'abbé Clair
en septembre dans les mousses, à Colmiane, près de
Saint-Martin-de-Lantosque.

M. pronus. Le soir, au vol, et sur les barrières.

M. lepidus. Au Var, le soir en été, sur les barrières
du chemin de fer.

OTHIUS (Leach)

O. fulvipennis. J'ai pris la variété noire sous les
écorces, au Var et près des fourmilières.

O. lapidicola. Trouvé dans les moussés de Colmiane
par M. l'abbé Clair.

(1) Etudes sur les *Tachinies Bolitobies,* etc., etc. (Paudelle, Annales 1859,
f° 267.)

BAPTOLINUS (Kraatz)

B. pilicornis et *alternans*. Autour de Nice sans désignation précise de localité.

ASTRAPÆUS (Gravenhorst)

A. Ulmi. Trouvé à Nice par M. Gautier.

VULDA (Jacquelin du Val)

V. gracilipes. Prise par M. Linder sous des écorces d'oliviers. — Rare.

XANTHOLINUS (Dahl...) (1)

X. frigidus. Assez commun à Nice et à Monaco, sous les pierres.
X. glabratus. Dans les mêmes conditions.
X. punctulatus. Assez commun en été, sous les bouses désséchées.
X. lentus. Pas rare dans les inondations de la Siagne (M. l'abbé Clair.)
X. linearis. Au Var, en mai, sous des billots.
X. distans. Pris par M. l'abbé Clair en septembre dans les mousses de Colmiane (Saint-Martin-de-Lantosque).

LEPTACINUS (Erichson)

L. batychrus. Trouvé en hiver par M. Linder aux Quatre-Chemins, dans les fourmilières. — Rare.
L. formicetorum. Trouvé par le même dans une fourmilière, à Caucade.
L. nothus. A l'embouchure du Paillon, selon M. Gautier.

STAPHYLINUS (Linné)

Ce genre renferme des insectes d'assez grande taille et très carnassiers; on les rencontre dans les sentiers, courant les mandibules en mouvement, l'abdomen souvent relevé; on les trouve aussi sur les excréments

(1) Au repos, le xantholinus roule son corps en spirale.

d'animaux et les charognes ; certains d'entre eux ont des habitudes nocturnes.

Les grosses espèces mordent énergiquement. Leurs larves ont été décrites par M. Léon Dufour.

S. hirtus. On le prend, assez rarement, sur les hauts plateaux de l'Aution, au soleil, sur les bouses de vache desséchées ; c'est le plus remarquable de tous les *Staphylins* de nos régions. Sa robe à fourrure dorée est d'une grande richesse.

S. maxilosus. Commun dans les cadavres, en été.

S. nebulosus. Pas rare dans les mêmes conditions.

S. murinus. Un peu plus commun dans les mêmes conditions.

S. cribratus. A été pris à Cannes par M. l'abbé Clair.

S. chrysocephalus. Trouvé à Moulinet sous les mousses, auprès des champignons.

S. chloropterus [1]. Pas rare en juin et juillet sous les mousses et les champignons, dans le bois de chênes de Sospel ; a été pris aussi par M. l'abbé Clair dans les inondations de la Siagne.

S. stercorarius. Assez commun dans les endroits humides.

S. rufipes. Pris par M. l'abbé Clair, à Cannes.

S. olens. Le plus grand de tous nos *Staphylins* européens ; crépusculaire, noir et très vorace. Je l'ai rencontré à Menton et à Monaco (Condamine) faisant la nuit la chasse aux *Lucioles* et couvert de leur matière phosphorescente [2].

S. æneocephalus. (Alpes-Maritimes), collection de M. l'abbé Clair.

S. brunnipes. Pris par M. l'abbé Clair en septembre, à Colmiane.

S. pedator, ater et *Cæsareus.* Figurent au catalogue de M. Gautier comme ayant été pris aux environs de Nice.

S. similis. Dans la vallée de Salèses, en mai.

ACYLOPHORUS (Nordmann)

A. glabricollis. Existe à Nice, selon M. Gautier.

[1] La larve décrite par M. Laboulbène (Annales 1852 f° 337). Voir un travail de M. Perris (Annales 1853 f° 579).
[2] Voir à la suite du Catalogue, la 2ᵐᵉ note sur les *Lucioles*.

PHILONTHUS (Curtis) (1)

P. intermedius. Dans les pâturages de Levens et de l'Escarène, en été.

P. æneus. Très commun partout, en été.

P. atratus. Commun dans les excréments au printemps.

P. politus. Dans les fumiers, en automne.

P. ebeninus. A été trouvé dans des amas de feuilles, en hiver, à Levens et à Lantosque.

P. sanguinolentus. Dans les endroits humides, à Cagnes, à Antibes et à Cannes. — Pas rare.

P. procerulus. Autour des eaux stagnantes du Var et dans la cavité centrale du *Glaucium luteum*, en décembre.

P. elongatulus. En avril, dans les inondations du Var.

P. cinerascens. Dans les mêmes conditions.

P. debilis. Trouvé à Couaraze par M. Gautier.

P. albipes, varius et *sordidus.* Indiqués par M. Gautier, comme trouvés dans le département.

P. lepidus. Alpes-Maritimes, d'après M. Teisseire.

P. splendidulus. Trouvé à Cannes par M. l'abbé Clair.

P. lætus. Pris par le même dans les inondations, à Cannes.

P. decorus. Rapporté de Saint-Martin-de-Lantosque.

ERICHSONUS (Fauvel)

E. prolixus. Pris par M. Tappes, à Nice. — Rare.

VELEIUS (Mannhereim) (1)

V. dilatatus. Bien que cet insecte très curieux n'ait pas été, que je sache, pris à Nice, je l'indique cependant dans mon catalogue, car je suis certain qu'il y sera trouvé par le naturaliste assez patient pour ex-

(1) Larve décrite par M. Bouché ; elle vivrait dans les fumiers.

plorer avec soin les nids de guêpes, comme l'a fait notre collègue Rouget, de Dijon [1].

C'est surtout à la *Vespa crabo* qu'il faut s'adresser; les nids sont situés soit en terre, soit le plus souvent dans des arbres creux; la direction du vol des guêpes les indique d'ordinaire; l'exploration du nid et des débris qui l'entourent est surtout fructueuse en juillet. Le *Veleius dilatatus* se rencontre dans la cavité elle-même, ou au pied des arbres; on peut aussi recueillir les larves adultes et les élever dans des vases pleins de détritus de bois mort et de débris provenant des nids.

QUEDIUS (Stephens)

Ce genre présente cette double particularité que l'insecte ne relève pas son abdomen et qu'il semble glisser plutôt que courir.

Q. impressus. Pris sous les feuilles mortes, dans les bois de pins de l'Escarène et du col de Braus.

Q. tristis. A Nice, au Var, en été, au pied des arbres. — Pas commun.

Q. Boops. Sur les barrières du chemin de fer, le soir, au Var. — Pas rare.

Q. lateralis. Trouvé auprès des champignons, dans lesquels il doit vivre.

Q. xanthopus. Je l'ai pris au mois de juin, sur le sommet du col de Croux, entre Péone et Saint-Etienne, lorsque la neige n'était pas encore complétement fondue.

Q. lævigatus. Pris par M. l'abbé Clair, à Saint-Martin-de-Lantosque, au mois de septembre.

Q. fuliginosus. Commun un peu partout, en été.

Q. cruentus. Je l'ai trouvé en juin et juillet, sous les mousses et au pied des arbres, dans les hautes vallées de la Minière et du Boréon.

Q. scintilans et *molochinus.* Pas rare, au Var, en été.

Q. picipes et *robustus.* Pris par M. l'abbé Clair, à Saint-Martin-de-Lantosque.

Q. ochropterus, auricomus et *Pyrenæus.* Trouvés par le même, dans les mêmes conditions.

---

(1) Voir le travail publié par M. Rouget en 1873 (Dijon).

Q. scitus. Catalogue de M. Tappes.

Q. semiæneus. Trouvé à Cannes par M. l'abbé Clair.

OXYPODUS (Fabricius)

O. rufus. Dans les mousses, à Sospel, en juin, mais assez rare.

O. maxilosus. Sans désignation de localité.

DOLIGAON (Laporte)

D. Illyricus. Cet insecte m'a été donné comme ayant été pris à Menton, au pied des arbres, en février.

D. biguttulus. Rapporté de Saint-Martin-de-Lantosque par M. l'abbé Clair.

LATHROBIUM (Graven...)

L. fulvipenne. En mars, à Cannes et au Var, autour des mares.

L. multipunctatum. On me l'a donné comme ayant été trouvé à Cannes à la suite des inondations.

L. quadratum. Pris en juin, à Saint-Martin-de-Lantosque, au pied d'une muraille.

L. elongatum. A Nice, selon M. Teisseire; je l'ai pris à Cannes auprès d'une mare.

L. brunnipes. Au Var, en avril, au pied des arbres, après une inondation.

L. Lusitanicum, punctatum, angustatum. Pris par M. l'abbé Clair à Cannes et dans la plaine de la Siagne.

SCOPÆUS (Erichson)

S. lævigatus. En automne, au Var, sous les feuilles mortes après une inondation.

ACHENIUM (Stephens)

A. depressum. A Nice, d'après le catalogue de M. Gautier.

A. rufulum. Trouvé par M. l'abbé Clair dans les inondations de la Siagne.

A. puvipenne. Dans les mêmes conditions.

LITHOCHARIS (Erichson)

L. ochracæa. Sous les pierres, au pied des pins, à Moulinet, en juin. — Assez rare.

L. melanocephala. Au Var, sous les pierres, au printemps, après une inondation.

L. obsoleta. Prise dans les mêmes conditions par M. Tappes.

L. maritima. Au printemps, à Cannes et à Antibes.

L. fuscula. A été trouvée par M. Linder, au bois du Var, en avril, sous les mousses et détritus, à la suite d'une inondation.

STILICUS (Latreille)

L. rufipes. En automne, à Menton et à Sospel, sous les détritus, au pied des arbres.

SUNIUS (Stephens)

S. filiformis. Trouvé en décembre 1876, dans la cavité centrale du *Glaucium luteum,* au Var.

S. bimaculatus. Dans les mêmes conditions.

S. gracilis. A Cannes, sur les sables, et à Nice avec le *filiformis,* dans le *Glaucium luteum.*

S. intermedius. En été, au Var, dans le voisinage des petits cours d'eau. — Pas commun.

S. angustatus. En automne et au printemps, sous les feuilles sèches, au Gairaut et à Falicon.

PÆDERUS (Gravenhorst)

Insectes à couleurs vives et brillantes, variées de bleu, de rouge et de noir. Ils courent au bord de l'eau en relevant l'abdomen; on les rencontre presque toujours en famille.

P. littoralis. Commun en juin, sur les bords du Var et du Paillon.

P. riparius. Dans les mêmes conditions.

P. ruficollis. Dans les mêmes conditions.

P. longicornis. M'a été donné comme ayant été pris sur les galets du Var, à Guillaumes.

P. limnophilus. A l'embouchure du Var, en mai.

P. longipennis. Catalogue de M. Gautier.

DIANOUS (Curtis)

D. cœrulescens. Se prend, mais rarement, sur les sables et sous les pierres, au Var, au printemps ; a été trouvé au Saut-du-Loup par M. l'abbé Clair.

STENUS (Latreille)

Genre très nombreux, composé d'insectes qui habitent les rivages, les mousses et les fourmilières. Ceux qui vivent dans les fourmilières ne relèvent pas l'abdomen.

S. biguttatus. En mars, au Var, sous les pierres.— Assez commun.

S. bipunctatus. En mai, sur les sables de Cannes.

S. guttula. Dans les mêmes conditions.

S. bimaculatus. Au Var, au printemps, sous les détritus, à la suite des inondations.

S. Plantaris. Dans la cavité centrale du *Glaucium luteum,* en décembre.

S. subæneus. A Menton, sous les détritus, au printemps. — Pas commun.

S. oculatus. Même localité, au bord de l'eau. — Assez commun.

S. macrocephalus. Dans des détritus, à Saint-Raphaël ; doit exister aussi à Cannes.

S. binotatus. Trouvé au Var, en été, courant sur la vase desséchée.

S. fuscipes. Dans les prés, en fauchant ; à la nuit, pendant l'été.

S. unicolor. Dans les mêmes conditions.

S. circularis. Sans désignation de localité.

S. carbonarius. Dans les inondations du Var, au mois d'avril.

S. providus. Catalogue de M. Gautier.

S. ruralis. Pris au Var par M. Gautier.

BLEDIUS (Stephens)

Les insectes de ce genre sont fouisseurs; ils creusent, à l'instar des taupes, des galeries dans le sable. Ils volent la nuit et répandent une forte odeur.

B. fracticornis. On le prend en été, au Var, dans les sables, et au vol, le soir.

B. opacus. Dans les mêmes conditions, à Cannes et à Menton.

B. verres. M. Linder avait pris cet insecte en fauchant dans les prés de la Croisette. Je l'ai retrouvé à Carras (Nice) mort et rejeté par la vague. — Rare.

B. rufipennis et *tricornis.* Pris, en avril, dans les détritus, entraînés par les inondations du Var.

B. fossor et *atricapillus.* Figurent au catalogue de M. Gautier.

B. unicornis. Sans désignation de localité.

PLATYSTETHUS (Mannerheim)

P. cornutus. Assez commun, sous les feuilles, dans les marais d'Antibes.

P. morsitans. Trouvé dans des excréments d'animaux, à Menton.

P. nodifrons. Dans les cavités du *Glaucium luteum,* au Var, en décembre; M. Gautier l'a trouvé à Saint-Martin-de-Lantosque.

OXYTELUS (Gravenhorst)

O. complanatus. A Menton et à Nice, le soir, au vol, en été. — Pas commun.

O. depressus. Pris au vol, le soir, et en fauchant sur le sommet des plantes.

O. flavipes. Je prenais communément autrefois ce petit insecte à la Condamine (Monaco), dans l'intérieur des citrons tombés, où il vivait en société avec le *Carpophilus mutilatus.* Je l'ai repris depuis à Menton et à Roquebrune, dans les mêmes conditions. (Voir l'article concernant le *Carpophilus.*)

O. rugosus. Commun dans les excréments d'animaux. — Partout.

O. piceus. Le soir, au vol, et sur les barrières.

O. inustus. Sans indication de localité.

O. sculpturatus. En avril et en octobre, dans les inondations du Var et du Loup.

O. pumilus. Figure au catalogue de M. Gautier.

O. minutus et *tetracarinatus.* Catalogue de M. Tappes.

HAPLODERUS (Stephens)

H. cœlatus. Pas rare, sur les coteaux de Gairaut, dans les excréments et les crotins, en été.

TROGOPHLÆUS (Mannerheim)

T. riparius. Au Var, sous les pierres, en mai et juin.

T. punctipennis. J'ai pris cet insecte en traversant le col de Croux, au mois de juin, sous les pierres encore couvertes de neige qui fondait.

T. corticinus. Trouvé par M. Gautier, à l'embouchure du Paillon.

T. inquilinus. Dans les détritus amenés par les inondations du Var, en mars et avril.

AN YROPHORUS (Kraatz)

A. omalinus. On me l'a donné comme pris au vol à Cannes, à la Croisette.

COPROPHILUS (Latreille)

C. striatulus. Autour des fumiers, à Drap, le soir, en mai.

DELEASTER (Erichson)

D. dichrous. Dans les parties montagneuses du département, en juin et juillet, au bord des torrents. — Rare.

TRIGONURUS (Mulsant) (1)

T. Mellyi. En mai 1865, dans le tronc d'un sapin abattu et en décomposition, j'ai rencontré une famille de *Mellyi*; c'était sur le bord de la route qui mène de Saint-Martin-de-Lantosque à la Madone de Fenestres; malgré de minutieuses recherches je n'ai pas retrouvé ce *Coléoptère* dans d'autres localités.

C'est dans les mêmes conditions que M. l'abbé Clair a pris lui aussi cet insecte assez rare.

ANTHOPHAGUS (Gravenhorst)

A. Alpinus. Il m'a été donné comme venant de la forêt de Salèses.

A. austriacus. Dans les mêmes conditions.

A. armiger. Figure au catalogue de M. Gautier.

A. Caraboides. Pris à Sospel, en fauchant, le soir, dans un bois de chênes.

GEODROMICUS (Redten...)

G. nigrinus et *plagiatus.* Pris par M. l'abbé Clair, dans les mousses des cascades de Saint-Martin-de-Lantosque.

LESTEVA (Latreille)

L. bicolor. Pas rare, en juin, à Moulinet, au bord de l'eau et dans les mousses humides.

L. fontinalis. Pris par M. l'abbé Clair, dans les mousses des cascades de Saint-Martin-de-Lantosque (Trinité).

L. punctata. Trouvée par le même, à Venanson.

(1) Déterminé par M. Mulsant dans les Annales de la Société d'agriculture de Lyon, t. X, f° 515.

Voir Annales de la Société entomologique de France (1865. f° 642), l'opinion de divers auteurs au sujet de ce genre.

OLOPHRUM (Erichson)

O. Alpestre. Pris en septembre, dans les mousses des cascades, par M. l'abbé Clair (Saint-Martin-de-Lantosque).

LATHRIMÆUM (Erichson)

L. melanocephalum. Sans indication de localité.
L. atrocephalum. En juillet, à Sospel, sous les mousses.

AMPHYCHROUM (Kraatz)

A. caniculatum. Catalogue de M. Gautier.
A. hirtellum. Pris par M. l'abbé Clair, à Saint-Martin-de-Lantosque.

BOREAPHILUS (Sahlberg)

B. velox. A été trouvé à Carras (Nice), contre une muraille, par M. Tappes.

OMALIUM (Gravenhorst)

O. rivulare. En juin, à Berre et au col de Braus, autour des champignons. — Pas rare.
O. nigriceps. Dans les mêmes conditions, mais sur le plateau du col de Braus.
O. lucidum. Trouvé en fauchant dans une prairie de Levens, au mois de juin.
O. brunneum. Dans des champignons, en juin, à Moulinet.
O. Oxyacanthæ. Pas rare au Var, dans les fagots, à la suite des inondations.
O. minimum. Sous les bois coupés, au Var, en mai.

ANTHOBIUM (Stephens)

A. florale. En été, le soir, sur les hautes herbes et les barrières.

A. abdominale. Catalogue de M. Gautier.

A. ophthalmicum. Au vol, le soir, dans les prairies du Var.

A. montanum et *anale.* Pris dans les Alpes-Maritimes par M. Gautier.

PROTEINUS (Latreille)

P. brachypterus. Je l'ai trouvé en décembre 1876, dans la cavité centrale du *Glaucium luteum.*

P. atomarius. M. l'abbé Clair l'a rapporté de Saint-Martin-de-Lantosque.

P. macropterus. Catalogue de M. Gautier.

MEGARTHRUS (Stephens)

M. hemipterus. En juin, le soir, au vol, sur la promenade des Anglais (Nice) et à Grasse.

M. denticollis. Pris à Saint-Martin-de-Lantosque par M. l'abbé Clair.

MICROPEPLUS (Latreille)

M. porcatus. Pas rare à Drap et à Saint-André, en mai, dans les fumiers.

M. staphylinoides. Catalogue de M. Gautier.

HISTERIDÆ (1)

M. l'abbé de Marseul a publié une monographie très détaillée de cette famille.

Les *Histérides* ont le corps presque carré ; les élytres ne recouvrent pas entièrement l'abdomen. Certaines espèces, destinées à vivre sous les écorces, sont plates et allongées.

Ces insectes sont généralement noirs ou verdâtres ; on les trouve dans les fumiers, les charognes, les bois

(1) Monographie, par M. l'abbé de Marseul (Annales 1853, 54, 55, 56, 57, 60, 61, 62.)

pourris et les excréments ; l'odeur nauséabonde de l'*Arum serpentaire* les attire de très loin.

« Les larves molles et jaunâtres ont, dit M. Léon Dufour, pour mission de changer en éléments de nutrition et de vie la matière morte et corrompue des substances animales. »

PLATYSOMA (Leach)

P. filiforme. Pris sous les écorces des pins abattus, à la Madone de Fenestres. — Assez rare.

P. angustatum. Vit dans le chêne.

P. oblongum. Trouvé à Nice, par M. Teisseire.

P. depressum. Catalogue de M. Gautier.

HISTER (Linné)

H. major. On le prend au col de Braus, en juillet, avec le *Staphylinus hirtus*, sous et sur la croûte desséchée des bouses de vache.

H. inæqualis. Plus rare ; dans les mêmes conditions.

H. 4-maculatus. Très commun dans les fumiers, en toute saison.

H. teter. MM. Fairmaire et Laboulbène indiquent cette espèce comme ayant été prise à Nice et déterminée par M. Truqui, naturaliste italien.

H. unicolor. Assez commun partout, au printemps.

H. cadaverinus. Commun sur les fumiers et dans les charognes.

H. carbonarius. Dans les excréments d'animaux, en été.

H. purpurascens. Commun dans les excréments d'animaux.

H. 12-striatus. Dans les parties froides du département, sous les bois pourris, en juillet.

H. 4-notatus. Commun dans les excréments d'animaux.

H. stercorarius. Assez commun dans les excréments, en été.

H. corvinus. Dans les fumiers, en automne.

H. heluo. Sans désignation de localité.

H. fimetarius. Pas rare autour de Nice.
H. bimaculatus. Catalogue de M. Gautier.

HETÆRIUS (Erichson)

H. sexquicornis. Ce petit *Histéride,* qui avait été trouvé par M. Linder à Nice, au pied du Mont-Chauve, a été recueilli depuis par M. l'abbé Clair, à Cannes, dans des débris provenant d'un débordement de la Siagne.

PAROMALUS (Erichson)

P. flavicornis. Sous les écorces des arbres au Magnan et à Saint-Martin-du-Var, en juillet.

CARCINUS (de Marseul)

C. minimus. Pas rare, en été, dans les matières animales.
C. pumilio. Pris à Nice par M. Tappes.

DENDROPHILUS (Leach)

D. pygmæus. A été trouvé à Monaco et à la Turbie dans des fourmilières, en février.

SAPRINUS (Erichson)

S. nitidulus. Pris en grande abondance à Nice, dans le calice d'un *Arum serpentaire.*
S. maculatus. Sous les animaux morts et plus particulièrement sous les serpents.
S. semipunctatus. Pas rare en été, sous les débris, à Antibes et au golfe Juan.
S. furvus. Dans les matières en décomposition.
S. chalcites. Sur les bords de la mer, à Menton et à Vintimille.
S. dimidiatus. Assez commun sous les débris de plantes, en été, au Var et à Cagnes.
S. speculifer. MM. Tappes et Gautier l'ont pris au bord de la mer.

S. rotundatus. Sous les écorces des arbres.

S. rugifrons. M. l'abbé Clair l'a rapporté d'une chasse à la Napoule.

S. radiolus. Pris par M. l'abbé Clair.

S. æneus. Pas rare à Nice, au printemps.

PLEGADERUS (Erichson)

P. discisus. D'après les indications de M. Perris, j'ai pris cet insecte sous les écorces de pins, en juin et juillet à Eze et à Laghet.

P. Ottii. Collection de M. Tappes. Je l'ai trouvé à Agay, près de Cannes, en juin, sous des écorces de pins.

ONTHOPHILUS (Leach)

O. sulcatus. J'ai recueilli cet insecte en battant des tiges fanées de pommes de terre à Levens, au mois d'octobre.

O. striatus. Au vol, le soir, dans la même localité.

ABRŒUS (Leach)

A. globosus. Pas rare dans le voisinage des fourmi-lières ou vivant avec les fourmis; on le prend aussi sous les écorces, au Var.

ACRITUS (Leconte)

A. minutus. Assez commun dans les fumiers, en automne.

A. nigricornis. Autour des fumiers à Levens et à Roquebillière.

PHALACRIDÆ

Les *Phalacrides* sont petits et doués d'une grande vivacité; on les prend sous les écorces et parfois sur les fleurs.

PHALACRUS (Paykull)

P. corruscus. Assez commun sous les écorces de platanes, en mars, à Menton, à Sospel et à Nice.

TOLYPHUS (Erichson)

T. granulatus. Cet insecte n'était pas rare sur les orangers dans le jardin aujourd'hui détruit de la Condamine, à Monaco, en été.

OLIBRUS (Erichson)

O. affinis. En décembre 1876, dans la cavité centrale du *Glaucium luteum*, au Var.
O. corticalis. Commun à Menton, sous les écorces de platanes en février ; selon M. Perris sa larve vivrait dans le *Senecio sylvaticus*.
O. bicolor. Un peu partout, sous les écorces au printemps et dans les inondations du Var.
O. liquidus. En mai, au golfe Juan, sur les plantes basses.
O. geminus, Se prend en été au Var, en fauchant le soir, sur les prairies.
O. particeps. Pris au Var, en fauchant ; la larve vivrait dans les calathides d'une *Synantherée (Helychrysum stæchas).*

NITIDULIDÆ

Les *Nitidulides* se rencontrent sur les fleurs, sous les écorces et dans les cadavres d'animaux.
Elles sont généralement aplaties.

CERCUS (Latreille)

C. pedicularius. Pris en juin, dans les prés du Var en fauchant. — Pas rare.
C. rufilabris. Dans les mêmes conditions. Je l'ai trouvé aussi en mai, au golfe Juan.

BRACHYPTERUS (Kugelm)

B. gravidus. En juin, sur les fleurs des prairies.

B. pubescens. Au Var, dans les mêmes conditions. M. Rouget dit qu'on le prend sur l'*Urtica dioica*.

B. Urticæ. Sur l'*Urtica dioica* où M. Perris. à recueilli la larve.

CARPOPHILUS (Stephens)

C. sexpustulatus. Commun sous les écorces des arbres abattus.

C. mutilatus. Je prenais autrefois, très communément, cette *Nitidulide* dans les citrons tombés, au jardin de la Condamine (Monaco) aujourd'hui transformé en ville.

Tout fruit tombé qui présentait à la partie touchant la terre, un petit trou rond renfermait plusieurs *Carpophilus*; pour les avoir, il suffisait de presser un peu le citron, l'insecte sortait aussitôt, souvent en grand nombre, avec le jus du fruit mais sans être mouillé par lui. J'ai retrouvé depuis, le *mutilatus* dans les mêmes conditions à Roquebrune et à Menton.

C. Hemipterus. En juin, à Drap, sur une pomme tombée.

EPURÆA (Erichson)

E. æstiva. Très-commune en juin, sur les noisetiers, à la Madone de Fenestres.

E. obsoleta. Assez commune sur les pins où vit sa larve.

E. melina. Se prend en fauchant dans les prés des régions montagneuses.

E. variegata. Catalogue de M. Tappes.

NITIDULA (Fabricius)

N. obscura. Sur des os desséchés dans le lit du Paillon, en juillet.

N. 4-pustulata. Même habitat.

N. bipustulata. Sur le lard, dans les maisons. — Assez commun.

SORONIA (Erichson)

L. grisea. Au vol et sur les barrières du chemin de fer, à Cagnes, en été.

AMPHOTIS (Erichson)

A. marginata. En diverses localités, sous les écorces.

OMOSITA (Erichson)

O. colon. Sur des os desséchés, à l'embouchure du Var, en juin.

PRIA (Stephens)

P. Dulcamaræ. Commune en juin à Berthemont, sur le *Solanum dulcamara.*

MÉLIGETHES (Kirby)

M. ? J'ai trouvé sur la *Satureja montana* à Berthemont, un *Meligethes* qui n'est pas encore déterminé et que je crois nouveau.

M. Marrhubii. A Nice, sans désignation précise de localité ; doit vivre sur le *Marrhubium vulgare.*

M. rotundicollis. Sur les genêts à Nice, selon M. de Baran.

M. flavipes. Trouvé au Var en fauchant : la larve vivrait sur la *Ballota fœtida.*

M. castaneus. A la Croisette et à l'Estérel, dans les prés.

M. æneus. Dans les mêmes conditions.

M. erythropus. Je l'ai pris en fauchant dans les prés du Var. Selon M. Perris la larve vit dans le *Lotus corniculatus.*

M. serripes. A Cannes sur les plantes en fleur, au printemps.

M. rubrigosus. Mêmes indications.

M. rufipes. Dans les prairies du Var, en juin.

M. corvinus. A Sospel, en fauchant sous les bois.

M. fulvipes. Trouvé à l'Estérel et déterminé par M. Ch. Bris (catalogue Grenier).

M. ochropus. Pris par M. Arias à Menton, en juin.

M. tristis. Sans désignation de localité.

CYCHRAMUS (Kugelman)

C. luteus. Le soir, sur une barrière, à Cannes, en juin, et à Nice dans un chantier de bois à brûler.

CRYPTARCHA (Schuckard)

C. imperialis. On l'a trouvée au printemps, au Var, en battant les arbres au parapluie ; elle a été prise aussi à Menton et à Sospel dans les mêmes conditions.

IPS (Fabricius)

I. quadripustulata. En mars, à Carras (Nice) et à Menton, dans des arbres morts.

PITYOPHAGUS (Schuckard)

P. ferrugineus. M. Linder a rapporté cet insecte du Mont-Vinaigrier (Nice).

RHIZOPHAGUS (Herbst)

R. parallelocollis. Assez abondant dans une coupe de bois à Roquebrune, en 1865. Pris aussi dans les chantiers de Nice, en été.

R. bipustulatus. Dans les mêmes conditions.

PELTIDÆ

Les *Peltides* sont les plus grandes des *Nitidulides ;* elles vivent sous les écorces et dans l'intérieur des champignons.

NEMOSOMA (Latreille)

N. elongata. En juin, sous les écorces des hêtres abattus, à la Maïris et à Luceram. — Rare.

TROGOSTITA (Olivier)

T. Mauritanica. Commune dans les maisons ; sa larve est connue dans le Midi sous le nom de *Cadelle*.

PELTIS (Geoffroy)

P. grossa. J'en ai trouvé un certain nombre d'exemplaires à Moulinet, en juin et juillet, dans des sapins pourris.

TEMNOCHILA (Erichson)

T. cærulea. A l'Estérel, sous les écorces, d'après M. Gautier.

COLLYDIIDÆ

Les *Collydiens* vivent comme les *Peltides* sous les écorces des bois morts ; Erichson a décrit la larve du *Collidium filiforme*.

COXELLUS (Latreille)

C. pictus. Sur les hauteurs de la Maïris, en juillet, j'ai pris abondamment ce joli petit insecte en battant, au parapluie, les branches mortes et moussues des sapins ; je l'ai retrouvé à la Madone de Fenestres dans les mêmes conditions.

COLOBICUS (Latreille)

C. emarginatus. Un peu partout, sur les bois morts et dans les chantiers de Nice.

DITOMA (Herbst)

D. crenata. Pas rare dans les chantiers de bois de construction, en été. On le prend aussi au golfe Juan, en mai, sur les haies de *Lentisques.*

AULONIUM (Erichson)

A. bicolor. En août, au vol, autour des bois coupés. — Assez rare.

CERYLON (Latreille)

C. Histeroides. Sous les souches et les billots, en juin, à Saint-Martin-du-Var.

C. angustatum. Pris au golfe Juan, au mois de mai, en battant les buissons au parapluie.

CUCUJIDÆ

Les *Cucugides* sont ordinairement d'un noir brillant, leur forme est allongée et aplatie ; ils vivent sous les écorces des arbres morts.

BRONTES (Fabricius)

B. planatus. Assez commun dans les chantiers de Nice et de Saint-Martin-du-Var ; on le prend le soir, au vol et sous les écorces de hêtres.

LÆMOPHLŒUS (Latreille)

L. testaceus. Pas rare dans les chantiers de bois à brûler et sur les barrières qui les entourent ; M. Laboulbène l'a pris en abondance dans un figuier mort, à Cannes, en mars.

L. clematidis. Sans désignation précise de localité.

L. Hypobori. Pas rare à Cannes et à Nice sur les figuiers.

MONOTOMA (Herbst)

M. conicicollis. Sans désignation de localité.

M. angusticollis. Pris à Monaco, en mars, près d'une fourmilière.

CRYPTOPHAGIDÆ

Les *Cryptophagides* se rencontrent le plus souvent dans les endroits obscurs, dans les caves, les celliers, sous les pierres, les écorces, les feuilles pourries et dans les champignons.

SYLVANUS (Latreille)

S. frumentarius. Commun dans les greniers à blé où il cause de véritables dommages.

S. bidentatus. Sur les arbres abattus et dans les chantiers, en été.

S. unidentatus. Même habitat. Figure au catalogue de M. Gautier.

S. Populi. Collection de M. Linder.

ANTEROPHAGUS (Latreille)

A. nigricornis. Pris à Nice, avec M. Linder, contre une muraille humide.

CRYPTOPHAGUS (Herbst)

C. Lycoperdi. Sans désignation de localité ; doit se trouver dans les *Lycoperdons.*

C. lapidarius. Trouvé à Saint-Martin-de-Lantosque par M. l'abbé Clair.

C. vini. Collection de M. Linder.

C. muticus. A Cannes, contre une muraille, en juin. — Rare.

C. scanicus. Sur de vieux cercles pourris, en été.

C. cellaris. Sans désignation de localité.

C. fumatus. Sous les pierres, au printemps.

ATOMARIA (Stephens)

A. ruficornis. Trouvée en décembre dans la cavité centrale du *Glaucium luteum.*

A. pusilla. Le soir, à Menton, sur les barrières du chemin de fer. Prise aussi à Monaco.

A. nigripennis. Assez commune sur les tonneaux, dans les caves.

A. linearis. Sous les pierres et les détritus, en avril.

A. cognata. Sans désignation de localité.

EPISTEMUS (Westwood)

E. Gyrinoides. Commun en automne, au pied des meules de paille et sous les pierres qui les avoisinent.

E. globulus. A été pris par M. Linder sous des débris, à Falicon, et à Nice par M. Tappes.

TETMATOPHILIDÆ

Petits insectes vivant sur les plantes, dans les lieux aquatiques.

PSAMMÆCUS (Latreille)

P. bipunctatus. Dans les bois humides du Var, sous les feuilles mortes.

TELMATOPHILUS (Heer)

T. Caricis. Pris par M. Linder, en mars et avril, au Var et à Cagnes, sous les feuilles mortes.

BYTURUS (Latreille)

B. fumatus. Très commun, en été, sur les fleurs de ronce.

ALEXIA (Stephens)

A. pilifera. Commune sous les bois exposés à l'humidité.

MYCETOPHAGIDÆ

Cette famille est composée d'insectes de petite taille, oblongs, qui vivent généralement dans les champignons.

MYCETOPHAGUS (Hellwing)

M. *4-guttatus*. A Sospel, en été, dans des champignons, sous les écorces des chênes et dans des mousses.

M. *atomarius*. Dans les chantiers de Nice et sur les barrières, le soir.

M. *4-pustulatus*. Sous des écorces de chêne, à Sospel.

LITARGUS (Erichson)

L. *bifasciatus*. Dans les chantiers de bois à brûler à Saint-Martin-du-Var ; sur du bois coupé au Magnan et dans de vieux arbres. Cet insecte a été pris aussi, en mars, à Cannes sous des écorces de figuier par M. Laboulbène.

TYPHÆA (Curtis)

T. *fumata*. Pas rare dans les chantiers, sous les écorces.

BERGINUS (Erichson)

B. *Tamarisci*. Commun en juin, à Menton, sur le tamarix en fleurs. La larve doit vivre dans les gros bolets qui poussent sur ces arbres.

MYCETEIDÆ

MYCETÆA (Stephens)

M. *hirta*. Se rencontre dans les endroits sombres où sont entreposés les bois coupés.

CORYLOPHIDÆ

SACIUM (Leconte)

S. discedens. Je l'ai trouvé en décembre dans la cavité centrale du *Glaucium luteum* ; on le prend aussi à la nuit, au vol, en été.

ARTHROLIPS (Wollaston)

A. obscurus. Au golfe Juan, en mai, sur des haies battues au parapluie.

CORYLOPHUS (Stephens)

C. Cassidoides. Pris au vol, le soir dans les prés du Var, en été et sur les barrières.

ORTHOPERUS (Stephens)

O. brunnipes. M'a été donné comme trouvé à Antibes.

LATHRIDIIDÆ

Très petits insectes qu'il faut chercher dans les endroits sombres et humides, dans les moisissures, sous les végétaux en décomposition et sous les écorces.

LANGELANDIA (Aubé) (1)

L. anophthalma. Pas rare à Menton et à Monaco, sous les pierres recouvrant des feuilles d'oliviers en décomposition, en février et mars. Un couple de *Lange-*

(1) Ce petit *Coléoptère* a été l'objet de plusieurs travaux intéressants.
Aubé (Annales 1842, f° 227).
Cordier (Annales 1845, f° XLIII).
Desmarets (Annales 1845, f° XLIV et 1846, f° XXIV).
Fairmaire (Annales 1846, f° XLIX).
Delarouzei (Description de la larve, Annales 1855, f° XXXVII).

landia existait dans les racines. d'un géranium mort de mon jardin.

LYREUS (Aubé)

L. subterraneus. Je l'ai pris souvent, pendant l'hiver, sous les pierres, au pied des oliviers de la route de Villefranche et à Monaco.

ANOMMATUS (Wesmael)

A. 12-striatus. Abondant sous les feuilles d'oliviers pourries, en hiver, à Monaco et dans mon jardin à Nice, au mois de mars, en secouant sur un linge des pieds de géraniums morts et arrachés; il vivait là en société avec la *Langelandia anophthalma*.

LATHRIDIUS (Illiger)

L. liliputanus. Très abondant en 1865, à Sospel, en mars, sous des écorces de platane.
L. angusticollis. Rare, dans les mêmes conditions.
L. minutus. A Nice, dans les caves et les passages humides. — Assez rare.
L. filiformis. Dans les mêmes conditions.
L. transversus. En automne, au Var, sous des débris de végétaux.
L. carbonarius. Dans les toiles d'araignées d'un bûcher.
L. constrictus. En octobre, à Menton et à Monaco, sous les écorces.
L. elegans. On peut se procurer cette espèce en examinant avec soin les débris de plantes médicinales, chez les pharmaciens.

MIGNEAUXIA (Jacquelin du Val)

M. crassiuscula. Trouvée à Nice, par M. Tappes.

CORTICARIA (Marsham)

C. fuscipennis. Trouvée en décembre dans la cavité centrale du *Glaucium luteum*.

C. pubescens. Commune dans les bois du Var; on la prend en battant les fagots aux mois de février et de mars.

C. elongata. Au printemps, dans les bûchers et sous les écorces.

C. gibbosa. A Sospel, en juin, sous les écorces de platane.

C. fuscula. Assez commune dans les chantiers de Saint-Martin-du-Var et de Nice.

C. transversalis. Au golfe Juan, en mai, sur des haies battues au parapluie.

C. distinguenda. Prise par M. Tappes à Nice, sur les orangers.

COLOVOCERA (Kraatz) (1)

C. Attæ. Selon M. Moggridge, cet insecte, signalé comme originaire de la Grèce, aurait été trouvé à Menton dans un nid d'*Hymenoplère (Atta structor).*

DERMESTIDÆ (2)

Famille excessivement nuisible. Ces insectes s'attaquent à toutes les matières animales; ils dévorent les pelleteries, les poissons secs, les viandes fumées, même le tabac; ils causent des dommages aux collections.

D. lardarius. Le *lardarius* ravage les fourrures et va jusqu'à pondre sur les femelles des vers à soie. J'ai été appelé à faire une enquête au sujet de l'existence de sa larve dans des cigares à cinq centimes ; logée à un centimètre de l'extrémité coupée, cette larve éclatait dès que le feu venait à l'atteindre [3].

D. Sordous. Pris par M. Clair dans les inondations de la Siagne.

D. vulpinus. Dans des cadavres de couleuvres, en juin, à Menton et à Monaco. — Commun [4].

(1) Berlin. Entom. (Zeitschr, f° 140, 1853). (Annales 1874, f° CCXXXIX).

(2) Mulsant. Monographie des *Scuticolles.* (Annales 1877, f° XII).

(3) Ravages du *Dermestes lardarius* dans les grainages des vers à soie, par M. Girard (Annales 1872, f° 205).

(4) Le *Vulpinus* opérant ses dernières transformations dans des bouchons de liège (Annales 1877, f° XII).

D. murinus. Plus rare, dans les mêmes conditions.

D. tesselatus. Assez commun autour de Nice.

D. Frischii. Trouvé à Nice par M. Tappes.

D. ater. Sur les fleurs, au printemps; pris en abondance à Nice dans le calice d'un *Arum serpentaire* de mon jardin.

ATTAGENUS (Latreille)

A. Verbasci. Au golfe Juan, en fauchant, au mois de mai.

A. Schæfferi. Dans la montagne, en août.

A. pellio. Commun dans les maisons.

A. megatoma. Catalogue de M. Gautier.

MEGATOMA (Herbst)

M. undata. Sur les barrières du chemin de fer et dans les maisons.

HADROTOMA (Erichson)

H. nigripes. Je l'ai prise en fauchant sur l'*Anthriscus sylvestris.*

H. marginata. Trouvée à Nice par M. Linder qui me l'a donnée.

ANTHRENUS (Geoffroy) (1)

Les *Anthrènes* vivent principalement sur les fleurs, mais la plupart, pénètrent dans les habitations et attaquent les collections.

A. muscorum. Assez commun sur certaines fleurs, en été (2).

A. Scrofulariæ. Même habitat; je l'ai pris en mai au golfe Juan sur des plantes basses.

A. varius. Insecte qu'il est si difficile de faire disparaître des collections.

A. Pimpinellæ. Nice, catalogue de M. Gautier.

(1) Pline l'Ancien, livre XI, ch. xxxxi, parle d'un petit insecte dévorant le papyrus qui pourrait bien être un *Anthrène.*

(2) Note sur le *Muscorum* dévastant les collections d'insectes (Berce, Annales 1867, t. XXV).

BYRRHIDÆ (1)

Ce sont des insectes bombés à carapace épaisse à mouvements lents ; leurs jambes peuvent se plier sous le corps dans des cavités destinées à les recevoir ; ils sont sombres de robe et nocturnes ; on les trouve d'ordinaire sous les pierres et les mousses, et dans les plaies des arbres.

NOSODENDRON (Latreille)

N. fasciculare. On le prend, mais pas communément, en été, autour de Nice, dans l'espèce de bouillie noirâtre qui remplit les plaies de certains arbres, des ormes surtout.

SYNCALYPTA (Dillwyn)

S. setigera. Commune, en été au Var sous les plantes, dans les lieux secs, avec la *Tagenia.*

BYRRHUS (Linné)

B. fasciatus. Pas rare, en juin, dans les parties froides de nos montagnes, sous les pierres des pentes sèches.

B. dorsalis. Commun dans les mêmes conditions.

B. pilula. Commun partout, sous les pierres, autour de Nice.

CYTILUS (Erichson)

C. varius. En juin et juillet, au champ de courses, sous les petites pierres et au vol, à la tombée du jour.

MORYCHUS (Erichson)

M. æneus. Trouvé par M. l'abbé Clair dans les inondations de la Siagne.

---

(1) Note sur leurs mœurs, Reichenback (Annales 1844, f° LIX). Note par M. Mulsant sur le même sujet (Annales 1844, f° LIX). Mulsant (Monographie des *Piluliformes*).

LIMNICHUS (Latreille)

L. sericeus. Sur les barrières du chemin de fer, vers le soir.

L. versicolor. Catalogue de M. Tappes.

GEORYSSUS (Latreille) (1)

G. pygmæus. Très abondant sur les bords du Var à son embouchure, en juin et juillet ; ces petits insectes vivent en famille dans les sables humides où ils s'enterrent facilement.

G. substriatus, lævicollis. Catalogue de M. Gautier.

PARNIDÆ (2)

Insectes de petite taille, de forme courte et oblongue ; leur corps est couvert de poils hydrofuges, ils vivent dans les eaux courantes et s'attachent aux racines des plantes aquatiques ; quelques-uns d'entre eux grimpent sur ces plantes et volent même en plein jour.

PARNUS (Fabricius)

P. prolificornis. Très commun dans les torrents, en juin et juillet.

P. auriculatus. Pris à l'embouchure du Var, en juin.

ELMIS (Latreille) (3)

Les *Elmis* ne volent ni ne nagent ; ils se tiennent accrochés aux racines des plantes aquatiques ou sous les pierres complétement couvertes d'eau ; ils recherchent surtout les torrents, les ruisseaux ; la larve a l'apparence d'un petit crustacé jaunâtre.

(1) Les *Georyssus* vivant hors de l'eau, par Wesmaël (Annales 1835, f° XXXIX).
Mulsant (Monographie des *Improsternés*).
(2) Voir Genera de Lacordaire, 2ᵐᵉ volume, f° 495.
Mulsant (Monographie des *Diversicornes*).
(3) Vie de la larve de l'*Elmis* par Wesmaël (Annales 1835, f° XXXVIII).
Description de la larve par le docteur Laboulbène (Ann. 1870, f° 407).

E. æneus. Commun sous les pierres dans les ruisseaux de nos montagnes, en été.

E. parallelipipedus. Commun comme le précédent
et dans les mêmes conditions.

E. nitens. Catalogue de M. Tappes.

E. angustatus. Pris par M. l'abbé Clair sous les
pierres des ruisseaux qui se jettent dans la Vésubie, à
Saint-Martin-de-Lantosque.

HETEROCERIDÆ (1)

Cette famille a beaucoup de rapports avec la précédente, elle en diffère cependant en ce que ce sont des
insectes fouisseurs ; ils vivent dans les sables humides
et la vase, volent à la façon des *Cicindèles* et font entendre un petit bruit lorsqu'ils courent.

HETEROCERUS (Fabricius)

H. murinus. Commun en mai et juin à l'embouchure
du Var, au golfe Juan et à Antibes dans la vase et sur
les sables fins et humides ; on les prend facilement en
piétinant sur ces sables, l'insecte sort et court avec
une grande agilité.

H. marginatus. Trouvé en employant les mêmes
moyens dans les sables de la Tinée, à Saint-Sauveur,
en juillet.

LUCANIDÆ (2)

Les *Lucanides* font partie de la grande division des
Lamellicornes de Latreille que nous allons aborder ;
ils accomplissent leurs transformations dans les troncs
d'arbres sur pied où ils creusent de profondes galeries.

(1) Mulsant (Monographie des *Spinipèdes*).
(2) Monographie des *Lamellicornes* (Mulsant, 1842).

LUCANUS (Scopoli) (1)

L. cervus. C'est le plus grand et le plus fort des *Coléoptères* de France ; on le connaît sous le nom vulgaire de *Cerf-volant.* Les mandibules du mâle sont excessivement remarquables par leur forme, leur développement et leur force ; le *Lucanus cervus* est commun sur les chênes et les marronniers où la larve qui met deux ans à se transformer, dit M. Perris, creuse de profondes galeries ; il ne vole que la nuit ; la femelle, plus petite, a les mandibules beaucoup moins grandes.

DORCUS (Mac-Leay)

D. parallelipipedus. Commun partout sur les vieilles souches, dans les bois coupés et sur les routes où il se meut lentement.

PLATYCERUS (Geoffroy)

P. Caraboides et ses variétés. Ce joli petit *Lucane* en miniature, se rencontre, mais assez rarement, en avril sur les barrières, dans les chantiers ; je l'ai pris en battant les chênes des bois de Sospel. La femelle, selon M. Rouget de Dijon, se tiendrait dans les bourgeons de ces arbres.

SINODENDRON (Hellwing)

S. cylindricum. Pas rare dans les vieux arbres et dans les scieries de nos montagnes.

SCARABÆIDÆ (2)

Chez les *Scarabeides,* les antennes, généralement en massue feuilletée, sont beaucoup plus développées chez

(1) C'est un des *Coléoptères* désignés par Pline dans son grand ouvrage sur l'histoire naturelle, livre XI, ch. xxxiv. Nigidius lui avait donné le nom de *Lucanus* ; selon les anciens on évitait aux enfants certaines maladies en leur pendant au cou les mandibules de cet insecte.

(2) Monographie des *Lamellicornes* (Mulsant, 1842).

les mâles que chez les femelles ; les pattes de devant sont fouisseuses.

Ces *Coléoptères*, assez lourds de forme, souvent riches de couleurs, vivent, les uns dans les excréments, les autres sur les fleurs et contre les arbres, d'autres enfin sur les sables ; ils paraissent avoir été les premiers insectes connus. Les larves des *Scarabeides* sont excessivement nuisibles à l'agriculture, surtout celles des *Melolonthins (vers blancs, mans)* ; on ne saurait donc trop chercher à les détruire.

Dans certains pays, les laboureurs et jardiniers se font suivre par des bandes de volailles très friandes de ces larves.

Leurs plus grands ennemis sont les *Taupes* et les *Crapauds*. Il faut donc respecter ces deux auxiliaires précieux.

ATEUCHUS (Weber) (1)

A. sacer (Insecte sacré des Egyptiens). C'est l'un des plus gros *Scarabées* de nos régions. Il est nocturne, noir et carnassier ; on le rencontre, mais rarement, le jour, sur les sables voisins de la mer, en juin, à Cannes et à Menton.

A. semipunctatus. Dans les mêmes localités et à Nice au Var. Il était commun sur les sables du golfe Juan en 1878, au mois de mai, autour des excréments humains.

A. laticollis. Dans les mêmes conditions, mais plus rare.

GYMNOPLEURUS (Illiger)

G. Mopsus ou *pilularius.* Commun autour des excréments. Les deux sexes réunis forment des boules de cette matière, la femelle y dépose ses œufs, et le couple fait rouler ces boules dans des trous préparés d'avance. La jeune larve trouve dans ce milieu la nourriture suffisante pour atteindre son entier développement. Ce mode d'opérer est, du reste, commun à tous les bou-

---

(1) Dans son grand ouvrage sur l'histoire naturelle, livre XI, ch. xxxiv. Pline l'Ancien parle de l'*Ateuchus* et du *Gymnopleurus* qui renferment, dit-il, leur progéniture dans des pelotes de matières animales.

siers. J'ai suivi au golfe Juan, en mai, sur les sables de la mer, un couple d'*Ateuchus semipunctatus* qui n'est arrivé à ses fins qu'après de nombreux événements que je me plaisais à lui créer et qui ne faisaient qu'exercer sa persévérance.

E. flagellatus. Moins commun. A Cannes et à Menton.

SISYPHUS (Latreille)

S. Schæfferi. Aussi commun que le *Gymnopleurus pilularius*, mais plus particulièrement dans les montagnes.

COPRIS (Fabricius)

C. lunaris. Commun dans les parties froides du département, sous les bouses de vache, en été.

C. Hispanus. Je l'ai pris dans les mêmes conditions à Cannes, à Antibes, en juin et à Menton, en juillet.

BUBAS (Mulsant)

B. bubalus et *bison.* On prétend que ces deux espèces ne sont pas rares à Cannes et à Antibes dans les bouses de vache. Je n'ai pas été à même de m'assurer du fait. MM. Gautier et Bruyat les ont prises aussi au Mont-Vinaigrier.

ONITIS (Fabricius)

O. Olivieri. Se trouve sur le littoral, mais assez rarement, en été, dans les bouses de vache.

ONITICELLUS (Serville)

O. flavipes. Commun dans la partie montagneuse du département, sous les bouses de vache.

O. pallipes. Pas rare, en été, à Cannes, à Menton et à Nice.

ONTHOPHAGUS (Latreille)

O. fracticornis. Sous les bouses de vache, dans les pâturages de la montagne.

O. nutans. Dans les mêmes conditions, à Levens.

O. vacca. Dans les prairies de Levens, en juin.

O. taurus. Dans les mêmes conditions.

O. Hubneri. A Cannes et à Nice, dans les bouses de vache. — Commun.

O. furcatus. Un peu partout, dans les bouses de vache, en été ; je l'ai pris aussi sur les plantes, en fauchant.

O. ovatus. De même.

O. lemur, maki, nuchicornis. Figurent au catalogue de M. Gautier.

O. emarginatus. Dans les bouses, au printemps, à Cannes et à Grasse.

O. punctulatus. Trouvé à Cannes, dans des excréments, par M. Laboulbène en 1870.

APHODIUS (Illiger)

A. scrutator. J'ai pris cette belle espèce en assez grande abondance dans des bouses de vache encore fraîches, en passant du col de Braus dans les grandes prairies de l'Aution, en juin.

A. subterraneus. Pas rare dans les bouses de vache, en été.

A. fossor. Commun dans les mêmes conditions.

A. hæmorrhoidalis. Un peu partout, au printemps.

A. fumetarius. Très commun dans les excréments.

A. fœtens. Plus rare dans les mêmes conditions.

A. rubens. Assez commun à l'Aution, en été.

A. granarius. Commun dans les excréments d'animaux.

A. pusillus. Commun partout.

A. immundus. De même.

A. merdarius. Dans les excréments et le soir, au vol, en été.

A. inquinatus. Dans les mêmes conditions.

A. lugens. Plus rare, sur les coteaux.

A. obliteratus. Très commun, en été, dans les excréments humains.

A. rufipes. Commun partout.

A. pecari. Plus rare, sur les coteaux ; a été pris à Cannes par M. l'abbé Clair dans le canal dérivatif de la Siagne.

A. sus. Assez commun partout, en été.

A. luridus. Trouvé à Levens par M. Bruyat.

A. constans, ater, plagiatus, tristis, sordidus, tessellatus et *prodromus.* Figurent au catalogue de M. Gautier, comme pris dans les Alpes-Maritimes.

A. carinatus. Dans les prairies de Notre-Dame de Fenestres, en juillet, sous les bouses.

AMÆCIUS (Mulsant)

A. elevatus. Dans les bouses de vache, en juin, à l'Aution et à Moulinet.

RHYSEMUS (Mulsant)

R. Germanus. Sur les barrières des bergeries, le soir à Moulinet. Figure aussi au catalogue de M. l'abbé Clair.

R. plicatus. Trouvé à Cannes par M. l'abbé Clair dans les inondations de la Siagne.

PSAMMODIUS (Gyllenhal)

P. cæsus. Sur les barrières du chemin de fer, à Cannes, en juin.

P. sulcicollis. Au vol, à Nice, à la nuit.

P. porcicollis. Pris par M. l'abbé Clair à la Bocca (Cannes), au pied des tamarix. — Pas rare.

BALBOCERAS (Kirby)

M. Rouget, de Dijon, a indiqué le moyen de prendre assez abondamment le *Bolboceras mobilicornis* qui ne sort de terre que la nuit. Comme dans son vol au-dessus des prairies, il ne s'élève pas à plus de quelques centimètres du sol il est nécessaire de le guetter au coucher du soleil dans un endroit découvert où il puisse se détacher sur l'horizon. Je suis persuadé qu'on prendrait aux environs de Nice, le *Gallicus,* espèce plus grande que le *mobilicornis* en usant des mêmes moyens. Cet insecte a été, du reste, trouvé près de chez nous, à Draguignan [1].

GEOTRUPES (Latreille) [2]

G. Typhæus. Sur le chemin du Gairaut, au printemps, à la nuit.

G. stercorarius. Commun partout, surtout dans les excréments de chevaux.

G. mutator. Pas rare, au printemps, dans les excréments.

G. vernalis. Dans les mêmes conditions.

G. lævigatus. Commun sur les hauts plateaux de l'Aution et à Moulinet, sous les pierres ; on trouve des exemplaires de très petite taille.

G. pilularius. Pris au Mont-Leuze par M. Gautier.

G. sylvaticus. Hauts plateaux, en juin, sous les bouses.

TROX (Fabricius)

T. perlatus. Commun dans les cadavres d'animaux.

T. scaber. Un peu partout, sous les pierres, ou le soir, au vol, en été. — Plus rare que le précédent.

T. sabulosus. Pas rare, au Var, en été, sous les pierres.

HOPLIA (Illiger)

Je crois qu'on doit pouvoir trouver dans les profondes vallées du Loup ou de la Siagne, le long des cours d'eau, l'*Hoplia cærulea* si commune dans les Pyrénées, l'Auvergne, l'Allier et l'Albigeois ; le mâle de ce *Scarabée* est recherché à cause de sa robe d'un bleu argenté ; on en orne des boucles d'oreilles, des broches et des colliers. La femelle, plus sombre de couleur et beaucoup plus rare, ne sort, pour procéder à l'accouplement, qu'au lever du jour, selon mes observa-

---

[1] Mes prévisions se sont réalisées ; depuis la rédaction du présent travail, le *Bolboceras Gallicus* a été pris par M. l'abbé Clair dans les inondations du canal dérivatif de la Siagne. Il existe donc dans le département et il ne s'agit plus que de découvrir les conditions de son habitat.

[2] Travail sur les *Geotrupes* (Jekel, Annales 1865, f° 513).

tions réitérées et en plein midi selon celles de M. Perrin ; y aurait-il deux moments propices ? (Voir Annales 1873, f° 251.)

H. farinosa. Commune, en juin, sur les églantiers et les ronces.

H. phylanthus. Dans les mêmes conditions.

TRIODONTA (Mulsant)

T. aquila. A Berthemont, en 1865, j'ai pris cet insecte en assez grand nombre, au mois de juin, sur les pousses de châtaigniers.

SERICA (Mac-Leay) (1)

S. brunnea. Pas rare sous les pierres et sur les gazons, où il vole au jour naissant à quelques centimètres du sol, à Berthemont et au Férisson, en juin.

HOMALOPLIA (Stephens)

H. ruricola. J'ai pris le matin des mâles volant au ras de terre, comme le précédent, sur les coteaux de Roquebillière, à la recherche de la femelle, sans doute.

MELOLONTHA (Fabricius)

M. vulgaris ou *Hanneton.* La larve de cet insecte, connue sous le nom de *ver blanc*, vit plusieurs années en terre dévorant les racines des plantes. C'est à sa recherche plus particulièrement, que les taupes creusent leurs galeries [2].

Il ressort de travaux fort intéressants, qui étaient déposés dans le pavillon des forêts, à l'Exposition universelle de 1878, qu'à l'état d'insecte parfait, le *Hanneton* a fait perdre, dans certaines localités et dans

(1) Les divers états de la *Serica holoserica* ont été décrits par M. Piochard de la Brulerie dans les Annales de 1864, f° 663 : la larve vivrait de feuilles pourries, l'insecte parfait a des habitudes nocturnes.

(2) Destruction des larves de *Hannetons* au moyen des poulaillers portatifs (Girard, Annales 1866, f° 571).

certaines années, 34 p. % en volume à la croissance
des couches ligneuses.

Le *M. vulgaris*, si commun dans le centre de la
France, est beaucoup plus rare dans le midi.

M. Hyppocastani. On le prend assez souvent le soir
au vol, autour des haies, ou le jour accroché aux
branches.

POLYPHYLLA (Harris)

P. fullo. La larve de ce beau *Scarabée* doit vivre
dans les sables du bord de la mer ou des rivières ; on
rencontre souvent à Nice le soir, en juin et juillet, sur
la promenade des Anglais, l'insecte parfait qui vient
s'accrocher à vos vêtements ; c'est surtout la variété
blanche. Le mâle est facilement reconnaissable à l'é-
norme développement des masses foliacées de ses antennes.

ANOXIA (Laporte)

A. Australis. Cette espèce, moins grande que la précédente, est assez abondante, en juin, sur les dunes de
Cannes, d'Antibes et du golfe Juan où on la trouve,
le jour, accrochée aux joncs. Prise à Antibes par M.
Bruyat.

A. scutellaris. Cette *Anoxia* noire et méridionale se
prend, le soir, à la Croisette près Cannes.

AMPHIMALLUS (Latreille)

A. rufescens. Pas rare. On le trouve volant le soir,
en juin, au-dessus des haies, autour de Nice.

A. solstitialis. Dans les mêmes conditions.

A. ater. Je l'ai recueilli à la fin de juin, en montant
de Belvédère au col de Raus ; les mâles sortent en
grand nombre au lever du soleil pour chercher les
femelles, qui sont dans le gazon, et disparaissent
promptement. J'ai rencontré parfois vingt mâles autour d'une femelle.

RHIZOTROGUS (Latreille)

R. æstivus. Très commun à Nice, le soir, autour des
haies.

R. assimilis. J'ai pris assez souvent cet insecte, rare et nouveau pour la Faune française, en battant au parapluie les jeunes pins du Férisson et de la Madone de Fenestres, en juin.

R. vicinus. Dans le catalogue de M. Gautier, cette espèce méridionale, que je n'ai jamais rencontrée qu'à Marseille, figure comme ayant été prise au Château de Nice sur les pins.

R. emarginipes. Pris à Cannes par M. l'abbé Clair.

AMSOPHIA (Serville)

A. tempestiva et ses variétés. Commune à Saint-Martin-de-Lantosque et à Belvédère. Je l'ai prise, en juin, accrochée aux épis de seigle.

A. agricola. Moins commune que la précédente, dans les mêmes conditions.

PHYLLOPERTHA (Kirby)

P. campestris. Commune avec ses variétés sur les coudriers, les églantiers, les genêts, un peu partout, en juin et en juillet.

ANOMALA (Koeppe)

A. Vitis. Sur les fleurs de l'églantier, en juin, à Menton. — Rare.

A. Frischii. Plus commune que la précédente ; je l'ai prise sur les haies, à Gilette, à Saint-Martin-du-Var et à Cannes.

A. Junii. Je n'ai pris qu'une fois cette espèce à Sospel, en juin, sur de jeunes saules.

CALLIENEMIS (Castelnau) (1)

C. Latreillei. Cet insecte algérien ayant été trouvé sur les bords de la Méditerranée, je l'indique ici comme pouvant exister dans les sables de Cannes.

(1) Fairmaire (Annales 1859, f° CXXIX). Delarouzée, (Annales 1858, f° CV). Aubé (Annales 1860, f° L).

PENTODON (Hope)

P. puncticollis. On le rencontre fréquemment dans les fossés de la route de France à Nice, à Cannes et à Antibes, en mars.

P. punctatus ? Dans les mêmes conditions, en mai.

ORICTES (Illiger)

O. grypus. Très commun dans les tanneries de Nice, route de Drap, et le soir, au vol, en été, sur la promenade des Anglais.

On prend sur les monceaux de tan, dans lesquels vivent les larves de ce coléoptère, un grand et bel *Hymenoptère, Scolia hortorum,* qui doit rechercher des larves pour y déposer ses œufs [1].

CETONIA (Fabricius)

Les larves des *Cétoines* se développent dans les grosses fourmilières, dans les tans et vermoulures des vieux arbres, dans les vieux fumiers, même dans les tas de graines de coton ; on trouve assez communément l'insecte parfait, contre les arbres qui secrètent de la gomme, dans les fleurs et surtout sur celles du *Sambucus ebulus ou* yèble.

C. stictica. Commune dans les jardins sur les fleurs.

C. hirtella. Moins commune, dans les mêmes conditions.

C. oblonga. Pas rare dans les régions froides sur un grand et beau chardon blanc. *Cirsium eriophorum,* en juin.

C. morio. Très commune, autour de Nice sur les cerisiers et les abricotiers, où elle semble rechercher la gomme qui découle de ces arbres. La larve de cette *Cétoine* est, dit-on, très nuisible aux arbres fruitiers ; on ne peut donc trop rechercher et détruire l'insecte parfait, reconnaissable à sa forme carrée et à sa robe d'un noir velouté.

C. aurata. Les environs de Nice sont riches en splendides variétés de l'*aurata,* que l'on prend dans

(1) Lucas (Annales 1877, f° LXI).

nos jardins dès le mois de mai. Cet insecte est employé en Russie, dit-on, contre la rage [1].

C. metallica. Très commune sur les hauts plateaux avec l'*oblonga.*

C. marmorata. On la prend de temps en temps autour de Nice, en battant les haies.

C. affinis. Je l'ai trouvée dans nos jardins sur les roses, en juin et juillet.

C. speciosissima. On dit que ce bel insecte a été pris à Cannes. Je pense qu'on l'aura confondu avec une grande variété de l'*affinis.*

C. cardui. A Cannes, sur des chardons, en juin.

OSMODERMA (Serville)

O. eremita. Cet insecte, de grande taille et à livrée sombre, si facile à découvrir sur les saules où il vit, à cause de la forte odeur de pruneau qu'il répand, est rare dans nos contrées ; je n'en ai trouvé que deux exemplaires à Levens dans le tan d'un vieux saule.

GNORIMUS (Serville)

G. nobilis. Très commun dans nos montagnes sur les fleurs de l'yèble et pas rare dans nos jardins, sur les roses.

G. variabilis. J'ai pris plusieurs fois ce *Lamellicorne* rare dans le tan des châtaigniers, en juin et juillet, à Clans, Berthemont et à Moulinet.

TRICHIUS (Fabricius)

T. fasciatus. Pas rare dans nos montagnes sur l'yèble et l'églantier, en juin et juillet.

T. abdominalis. Assez commun sur les roses de nos jardins.

VALGUS (Scriba)

V. hemipterus. Un peu partout, même dans nos jardins. Je l'ai trouvé aussi dans des pieux pourris et dans de grosses fourmilières.

---

[1] Voir Amiot (Annales 1851, f° XLIV). Girard (Annales 1851, f° 606). Le même sujet traité par M. Guérin Menneville, en 1857, f° XCVII.

BUPRESTIDÆ

Les *Buprestides* sont, après les *Longicornes*, les plus beaux *Coléoptères* de la création ; la splendeur de leur robe, où l'or et les mats veloutés se marient si merveilleusement, en fait le plus bel ornement de nos collections.

L'insecte parfait est inoffensif ; quant à la larve elle paraît s'attaquer plus souvent aux bois morts ou malades ; c'est l'opinion de M. Léon Dufour. Cette larve est apode avec un abdomen grêle et mou attaché à une espèce de grosse tête.

M. Bois du Val cite une larve de *Bupreste* qui a vécu vingt ans dans un meuble d'acajou.

« Le mot de *Bupreste*, dit Chenu, dans son grand ouvrage auquel j'ai fait de nombreux emprunts, vient de deux mots grecs : *bous* (bœuf) et *preto* (j'enfle), Pline prétend en effet que les bœufs enflent lorsque en paissant ils avalent certains de ces insectes, assertion qui demande à être confirmée. »

Geoffroy les a appelés *Richards*, à cause de leurs riches couleurs. Les grosses espèces, lentes dans leurs mouvements, se tiennent d'habitude sur la partie exposée au soleil des arbres où ils sont nés et près de leur trou oblong dans lequel ils rentrent à reculons dès qu'on les approche ; mais comme, parfois aussi, ils s'envolent au moindre bruit en se laissant tomber, il est utile de placer le filet immédiatement sous la branche où ils reposent.

Les petites espèces, beaucoup plus actives, se rencontrent souvent en familles sur les fleurs.

JULODIS (Eschsch.)

S. onopordinis. On me l'a donné comme ayant été pris à Cannes, ce dont je doute.

ACMÆODERA (Eschsch.)

A. tæniata. Assez commune à Lantosque et à Berthemont, sur les fleurs au bord des chemins, en juin et juillet.

A. aspersula. A Cannes, sur les joncs des dunes, en mai.

A. Piloselæ. Sans désignation de localité.

CAPNODIS (Eschsch.)

C. tenebrionis. A Sospel, sur les prunelliers de l'ancienne route de Braus et au Var, sur les jeunes cerisiers, aux dépens desquels vit la larve.

C. tenebricosa. Figure aux catalogues de M. Gautier et de M. Bruyat.

Prise à Cimiez (Nice) par M. Tappes, et à Cannes, sous des débris d'inondations, par M. l'abbé Clair.

DICERCA (Eschsch.)

D. ænea. J'ai trouvé assez souvent ce beau *Buprestide* à Menton, sur des poteaux servant à attacher les cordes des blanchisseuses et même sur le linge étendu à terre ; je l'ai aussi rencontré à Nice, sur des arbres morts.

D. Fagi. A Drap et à Sospel, en juin, sur les grosses branches des aulnes.

LAMPRA (Spin.)

L. rutilans. Pas rare, en juillet, à Sospel, à Cannes et à la Mantéga, sur le côté exposé au soleil, des troncs de tilleuls vivants.

L. festiva. Sur les genévriers, en juillet, à Menton, à Gilette, à Marie, à Utelle et à l'Estérel.

ANCYLOCHIRA (Eschsch.)

A. rustica. Pas rare à l'Aution, sur des branches mortes de pins servant de barrières aux bergeries.

A. 8-guttata. Moins commune que la précédente. A Berthemont sur les branches mortes des pins.

A. flavomaculata. Prise par M. Gautier aux environs de Nice.

8 P

CALCOPHORA (Solier) (1)

C. Mariana. J'ai recueilli un grand nombre d'exemplaires de ce bel insecte, avec M. Linder, au cap Martin et à Monaco, sur des souches de pins ; on le trouve aussi en ville, apporté de la montagne avec les bûches de pins destinées aux fours des boulangers.— Pas rare non plus à Cannes et aux îles Sainte-Marguerite.

MELANOPHILA (Eschs.)

M. cyanea. Sur les genévriers, à Gilette et à Toudon, en juin.

M. tarda. Trouvée dans nos montagnes, en battant les buissons, au mois de mai.

M. decostigma. En juillet, à Cannes (M. Bruyat).

ANTHAXIA (Eschs.) (2)

A. cyanicornis. Ce très joli insecte a été pris par M. Tappes au Mont-Vinaigrier, sur l'*Urospermum Dalechampii* et sur la même plante par moi, à Saint-Laurent-du-Var, en mai.

A. inculta. On la prend à Cannes, à la Croisette, en fauchant dans les prairies.

A. Millefollii. Sous les bois de sapins, à Valdeblore, à Rimplas et à Beuil.

A. manca. Pas rare en juillet, un peu partout, sur les haies.

A. Saliceti. Sans désignation de localité.

A. sepulchralis. Commune sur les petites chicorées qui poussent sous les châtaigniers de Valdeblore et de Rimplas.

A. 4-punctata. Prise en battant les branches mortes de sapins et de pins à Beuil, à la Madone de Fenestres et aux trois lacs.

A. Salicis. En mai, au Var, sur les haies. — Rare.

A. Crœsus. — Catalogue de M. Bruyat (mai).

(1) Histoire de cet insecte, éducation de sa larve (Lucas, Annales 1844, f° 315).
(2) Solier (Annales 1833, f° 297). — Reiche (Annales 1866, f° 177). — De Marseul (Recueil de l'Abeille, 1865, f° 210).

SPHENOPTERA (Solier)

S. metallica. Je l'ai prise à Berthemont en battant les branches mortes des pins.

S. gemmata et *gemellatta*. Figurent au catalogue de M. Bruyat, comme ayant été prises en juillet, à Grasse. M. l'abbé Clair a recueilli, dans les inondations du canal dérivatif de la Siagne, en avril 1879, deux espèces de *Sphenoptera*.

CHRYSOBOTRIS (Laporte)

C. affinis. Ce *Buprestide* a été pris par M. le docteur Grandvilliers au Magnan (Nice) en juin, sur des troncs d'arbres. Je l'ai capturé moi-même dans des conditions identiques, en ville. — Rare.

CORÆBUS (Laporte)

C. Graminis. Par les fortes chaleurs de juillet, sur les bords de la mer, au Var, on prend en abondance cet insecte en fauchant sur l'*Inula viscosa* en fleur. La larve vit au collet de cette plante persistante et arborescente qui nourrit aussi la larve de la *Cassida pusilla*.

C. Rubi. Commun sur les ronces ; je l'ai rencontré aussi sur les rosiers dans les jardins de Menton et de Monaco.

C. amethystinus. En mai, au Vinaigrier, sur les pousses de chêne.

C. undatus. Dans les bois de chêne, à Saint-Léger. La larve vit dans le tronc de ces arbres.

C. bifasciatus. En juin, sur le *Quercus robur* à l'Estérel. La larve vit dans les branches les plus élevées qui ne tardent pas à mourir [1].

C. elatus. Figure au catalogue de M. Bruyat et à celui de M. Gautier.

---

(1) Mœurs de cet insecte (Abeille de Perrin Annales 1867, f° 66). Moyen de détruire le *bifasciatus* en cassant au printemps les branches malades qui contiennent la larve ; cette larve exposée à l'air périt. (Abeille de Perrin. Annales 1869, f° Llll ; voir aussi Annales 1870, f° XXXVII).

C. æneicollis. Trouvé par M. Tappes à Nice, je l'ai pris en mai, au golfe Juan, sur les haies.

AGRILLUS (Solier)

A. Arthemisiæ. Pas rare à Nice et à Cannes, sur l'armoise.

A. derosofasciatus. Sur la vigne sauvage, en mai, à Saint-Isidore. — Pas rare.

A. aurichalceus. Autour de Nice, sur les ronces.

A. viridis. Sur les poiriers sauvages, en juin, et sur les pousses de chêne, en mai, à Berthemont.

A. Hyperici. Selon M. Perris, la larve vivrait au collet et dans les racines de l'*Hypericum perforatum*.

A. cinctus. Indiqué par M. Teisseire comme pris à Nice.

A. laticornis. Figure au catalogue de M. Bruyat.

A. biguttatus. Pas rare, en mai, au Mont-Vinaigrier, sur les pousses de chêne vert.

A. tenuis. Au golfe Juan, dans les prairies, en mai.

APHANISTICUS (Latreille)

A. emarginatus. Commun au Var en mai ; la larve vit dans le *Juncus obtusiflorus*.

A. pusillus. Catalogue de M. Gautier.

TRACHYS (Fabricius)

T. minutus. La larve de ce genre est nuisible ; j'ai trouvé l'insecte parfait, en mai, à Levens dans les racines d'une petite mauve.

T. pumilus. On le prend assez communément, en battant les saules au parapluie, en juin.

T. nanus et *pygmæus*. Catalogues divers.

EUCNEMIDÆ (1)

Les *Eucnémides* forment le passage entre les *Bu-prestides* et les *Elatérides*. Il sont peu nombreux en

---

(1) Monographie (Candeze, 1850). — Reiche (Annales 1869, fᵒ 373). — Monographie très détaillée (Bonvouloir, Annales 1871 et suivantes).

Europe ; leur forme les rapproche des *Cébrionides*, leur couleur est généralement terne, la plupart sont nocturnes. On les prend dans les parties cariées des arbres et sous les écorces.

TROSCUS (Latreille)

T. Dermestoides. Trouvé à la Maïris, sous des écorces de sapins, en juin, et depuis, dans un chantier de bois de construction, à Nice. — Rare.

T. carinifrons. Pris par M. l'abbé Clair.

CEROPHYLUM (Latreille)

C. Elateroides. M'a été donné comme ayant été trouvé à Sospel, au pied d'un platane.

MELASIS (Olivier)

M. Buprestoides. A Levens, dans un chantier de bois à brûler. — Rare.

EUCNEMIS (Ahrens)

E. capucinus. Au Magnan, en juin, sur des peupliers abattus.

ELATERIDÆ

Voisins des *Buprestides* dont ils ne sont séparés que par les *Eucnemides*, les *Elatérides* se distinguent surtout par leur forme moins bombée, leurs couleurs moins vives et par la faculté singulière qu'ils ont, étant mis sur le dos, d'imprimer à leur corps, par la détente d'un ressort sous-thoracique, un mouvement brusque qui les retourne en l'air pour les faire retomber sur les pieds.

Comme leurs larves, hexapodes, allongées, d'une même venue, terminées en arrière par des crochets, accomplissent généralement leurs transformations plutôt dans les bois morts que dans les arbres sur pied, on peut les dire peu nuisibles à l'agriculture. On accuse cependant les larves des *Agriotes* de dévorer les racines des céréales. Celles des *Ludius* habitent en terre. On trouve les *Elatérides* sur les troncs d'arbres et sur les fleurs.

LACON (Laporte)

L. murinus. Commun un peu partout, sur les barrières, dans les haies et le soir, au vol.

ADELOCERA (Latreille)

A. fasciata. Catalogue de M. Bruyat.
A. atomaria. Pas rare à Cannes, sous les écorces de pins.

LIOTRICHUS (Payk)

L. affinis. Ne figure pas au catalogue de M. Grenier. Je l'ai pris à l'Aution, sur les sapins, en juin.

CORYMBETES (Latreille)

C. sulfuripennis. Ce bel insecte n'était pas rare en mai 1855 à la Madone de Fenestres, sur les noisetiers ayant encore le pied dans la neige ; je l'ai repris plus tard, dans la même localité.
C. hæmatodes. Pas rare en juin, sur les saules des hautes vallées.

DIACANTHUS (Latreille)

D. æneus. Un peu partout, en juin, sous les pierres, dans la partie montagneuse du département.
D. impressus. A Moulinet, en juin, au pied des châtaigniers. — Rare.
D. holosericeus. On le prend communément sur le saule-marceau et en fauchant dans les prairies.
D. metallicus. En juin à Sospel, sur le *Salix aurita* (saule-marceau).
D. elatus. Sous les pierres, en juin, dans la haute montagne. — Commun.
D. rugosus, Catalogue de M. Gautier.

CAMPYLUS (Fricher)

C. linearis. Sur les *Ombellifères*, au bord du Loup et en battant les saules.

ATHOUS (Eschs...)

A. Peragalloi. Cette espèce nouvelle que j'ai trouvée en avril, sur les hauteurs neigeuses de la Madone de Fenestres, m'a été dédiée par M. Reiche (voir la description à la fin du présent travail). Elle figure au catalogue de M. Grenier, au catalogue de M. Marseul et au répertoire de l'Abeille [1].

A. emaciatus. J'ai pris cet *Elatéride*, en fauchant dans les prairies des hauts plateaux de l'Aution, au mois de juillet. La femelle qui n'avait pas été décrite par M. Candeze, l'a été depuis par M. Reiche sur des individus provenant de mes chasses [2].

A. longicollis. On le trouve un peu partout en battant au parapluie, les branches d'arbres.

A. vittatus. A Moulinet, en juillet, sur les pins et sapins.

A. tomentosus. J'ai pris en grand nombre cet insecte sur un saule au milieu des Rhododendrons, en traversant, au mois de juillet, le col qui mène de Belvédère à l'Aution, dans une région où abonde le papillon *Apollo*; sur la même plante vivent les deux *Dascillus*.

A. subfuscus. En juin, dans les prairies de nos montagnes.

A. Godarti. Rapporté de mes excursions à la Madone de Fenestres.

A. mandibularis. Sans désignation de localité.

A. olbiensis. Pris par M. Linder dans la vallée du Loup.

LIMONIUS (Eschs...)

L. nigripes. Commun, en juin, dans les prairies.

[1] Détermination du *Peragalloi* (Annales 1864, f° 247).
[2] Description de la femelle de l'*emaciatus* par M Reiche (Annales 1869 f° 384).

L. lythrodes. En juin, dans les prairies des régions froides.

L. parvulus. Commun partout, dans les prairies.

DOLOPIUS (Eschs...)

D. marginatus. Trouvé par M. Linder, à Moulinet.

AGRIOTES (Eschs...) (1)

A. aterrimus. A Berthemont, en juin, sur les fleurs des châtaigniers.

A. ustulatus. Dans les ravins de Moulinet et de Clans, sur le *Sambucus* (yèble).

A. sputator. Sur les *Ombellifères*, en juin.

A. Gallicus. Commun à La Napoule et au Var ; on le prend en fauchant dans les bois.

A. pilosus. Catalogue de M. Gautier.

ADRASTUS (Eschs...)

A. terminatus. Très commun en juin, dans le petit vallon du Magnan, sur les pousses basses des ormes.

A. pusillus. Pas rare sur le plateau du Mont-Vinaigrier, en mai.

A. pallens. Assez commun dans les bois du Var.

BETARMON (Keisenwetter)

B. bisbimaculatus. Catalogue de M. Gautier.

SYNAPTUS (Eschs...)

S. filiformis. On le prend, en fauchant, le soir dans les prairies du Var, en juin.

MELANOTUS (Eschs.)

M. niger. Trouvé en mai, autour de Nice, en battant les haies au parapluie. — Pas rare.

M. castanipes. A Nice, en juin, dans un chantier de bois à brûler. — Assez rare.

---

(1) Dégâts causés aux moissons par un *Agriotes* (Macquart, Annales 1847).

M. tenebrosus. Catalogue de M. Gautier.

M. crassicollis. Figure au catalogue de M. Gautier, comme pris dans nos montagnes.

C. rufipes. Au golfe Juan, sur des haies, en mai 1877.

ELATER (Linné)

E. sanguineus. Au Var, en mai, dans le tronc ver- moulu d'un saule. — Rare.

E. erytrogonus. A Nice, d'après mes notes.

E. elongatulus. Pris en battant les coudriers, en juin, à Sospel. — Pas commun.

E. æthiops. Catalogue de M. Gautier.

E. præustus. A Nice, catalogue de M. Teisseire.

E. Megerlei. Nice, catalogue de M. Tappes.

AEOLUS (Eschs..)

A. crucifer. Ce joli petit insecte, tout à fait méri- dional, a été pris à Cannes, sur l'aubépine en fleur et dans les inondations, en mai, par M. l'abbé Clair. Je l'ai trouvé, depuis, dans des conditions identiques au golfe Juan et à Antibes.

CRYPTOHYPNUS (Eschs..)

C. tetragraphus. A Berthemont, sur les sables.

C. minutissimus. Abondant à Berthemont, en juin, sur les châtaigniers en fleur.

C. riparius. Catalogue de M. Gautier.

DRASTERIUS (Eschs..)

D. bimaculatus et ses variétés. Un peu partout, courant sur les sables du bord de la mer ; dans la cavité centrale du *Glaucium luteum*, en décembre, et dans nos jardins, sous des débris de plantes.

CARDIOPHORUS (Eschs..)

C. melampus. Sur les sables du Var ; les mâles cou- rent au soleil, les femelles ne sortent que le soir.

C. musculus. Assez commun, en juin, sur les sables de l'embouchure du Var.

C. cinereus. Commun dans le vallon de Magnan, en juin, sur les pousses basses des ormes ; commun aussi au golfe Juan, en mai.

C. thoracicus. Cet insecte a été pris à Antibes par M. Teisseire. Je l'ai trouvé à Cagnes, sur des bois coupés.

C. biguttatus. Commun à Utelle, sur les genévriers. Je l'ai pris aussi au Mont-Vinaigrier dans les mêmes conditions ; M. Laboulbène l'a trouvé à Cannes.

C. rufipes. En juin, au Magnan, sur l'orme et en mai, dans les prairies du golfe Juan.

C. exaratus. Sur les sables du Var, en mai.

CEBRIONIDÆ (1)

Insectes difficiles à trouver. Ils ne sautent pas comme les *Elatérides* et sont fouisseurs. Les femelles, privées d'ailes membraneuses, n'ont que des élytres très courtes ; elles ne sortent de terre que pour s'accoupler.

On a remarqué que les mâles n'étaient nombreux, sur certains points, qu'à la suite de pluies torrentielles. Il est probable que cette grande abondance d'eau est nécessaire pour que la femelle puisse arriver des profondeurs de la terre, jusqu'au niveau du sol où le mâle l'attend.

CEBRIO (Olivier)

C. gigas. J'ai pris deux fois des mâles de cette espèce, en automne, sur la promenade des Anglais dans les flaques d'eau et les ruisseaux à la suite de forts orages ; cet insecte a été aussi trouvé à Antibes par M. Bruyat.

Quant à la femelle, qui est aptère et beaucoup plus grosse que le mâle, elle a été capturée à Cannes par M. l'abbé Clair.

(1) Chevrolat (Annales 1874, f° 9). Mulsant (Monographie des *Fossipèdes*).
De Cerisy (Annales 1853).
Reveillere (Note sur l'apparition du *Cebrio,* Annales 1873, f° CL).

Luciani, entomologiste italien, dit qu'il a trouvé, en Toscane, le 30 août, dans un champ cultivé, à 0ᵐ,30 de profondeur, plusieurs *Cebrio mâle et femelle* à l'état de nymphes enfermés dans des cavités fabriquées par la larve.

CYPHONIDÆ (1)

Coléoptères phytophages de forme allongée de couleurs peu voyantes. Ils se tiennent sur les plantes, dans les bois et au bord des eaux.

DASCILLUS (Latreille)

D. cervinus et *cinereus.* Trouvés ensemble, en grande abondance, sur un souci, en montant de Belvédère à l'Aution, avant d'arriver au col de Raus; M. Gautier les aurait pris sur la *Gentiana lutea*, qui pousse en effet à cette altitude. Le *cervinus* et le *cinereus* me semblent ne former qu'une seule et même espèce.

HELODES (Latreille)

H. pallida. Pas rare, en juin, sur les bords du Loup et de la Siagne.

CYPHON (Payk..)

C. coarctatus. Assez commun en juin, au Loup.

MICROCARA (Thoms.)

M. livida. Trouvée au bord du Loup, en mai, en battant les haies au parapluie.

HYDROCYPHON (Payk..)

H. Australis. J'ai pris assez abondamment cet insecte, qui ne figure pas au catalogue Grenier, sur les oliviers de Peillon, et moins communément sur les jeunes chênes, à la Bollène.

(1) Mulsant (Monographie des *Brévicolles*).

SCIRTES (Illiger)

S. hemisphericus. Sur les bords du Loup, en juin, dans les prairies.

EUBRIA (Redten..)

E. palustris. Prise à Saint-Martin-de-Lantosque par M. l'abbé Clair.

EUCYNETUS (Germar)

E. meridionalis. M'a été donné comme ayant été trouvé à Grasse, en juillet.

LAMPYRIDÆ (1)

Les *Lampyrides* sont des insectes nocturnes au corps mou et aplati, aux couleurs sombres. Lorsqu'on les prend, ils retirent leurs antennes et recourbent, en dedans, leur abdomen.

Dans certaines espèces les derniers anneaux de cet abdomen sont en partie lumineux (*Lampyres, Lucioles*).

Les femelles sont, ou privées d'ailes membraneuses, ou même aptères.

Il est probable que leurs larves vivent aux dépens des *Helix*.

DICTYOPTERA (Latreille)

D. sanguinea. Sur les fleurs, dans les grands bois et dans les chantiers. La larve est linéaire, noire avec le dernier anneau rouge.

(1) Monographie des *Mollipennes* (Mulsant, 1862).

Delaporte (Annales 1833, f° 122 à 139).

Reiche (Annales 1863, f° 476).

Laboulbène, Boisduval, Peragallo (Observations sur la phosphorescence des mâles des *Lampyres*, Annales 1871, f° CXLVIII).

Pline l'Ancien Livre XI, ch. xxxiv de son *Histoire naturelle*.

EROS (Newman)

E. aurora. Trouvé, en juillet, dans les parties froides de nos montagnes, sous les écorces d'arbres abattus.

OMALISUS (Geoffroy)

A. suturalis. On le prend un peu partout, en fauchant sous les grands bois.

LAMPYRIS (Linné)

L. Lusitanica. Pas rare aux environs de Nice ; le mâle est lumineux comme la femelle qui est aptère *(Ver luisant)* [1].

Les *Lampyres* entrent le soir dans les maisons éclairées et viennent s'abattre autour des lampes.

L. Delarouzei. J'ai pris à Puget-Théniers, en juin, un exemplaire très petit de cet insecte.

L. noctiluca. Plus petite que la *Raymondi* ; trouvée dans mon appartement, un soir, en juin.

L. Reichii. A Menton, en juin, sur une plante où elle était accrochée.

L. Lareynii. D'un brun plus pâle que les autres espèces ; pas rare à Menton, plus commune, paraît-il, en Corse.

L. splendidula. On la prend en juin, autour de Nice. — Pas rare.

PHOSPHŒNUS (Laporte)

P. hemipterus. Je l'ai trouvé à Cannes, accroché à une plante ; la femelle est très rare.

LUCIOLA (Laporte) (2)

L. Lusitanica. De 9 heures du soir à 11, du 15 mai au 1er juillet, on prend en abondance cet insecte

[1] Voir l'opinion de divers auteurs au sujet de ce fait contesté jusqu'alors que les mâles des *Lampyres* sont lumineux comme les femelles (Annales 1874, f° 148).

[2] Voir à la fin du présent travail, les notes de l'auteur sur les *Lucioles*.

autour de Nice, à Menton, Cannes et Monaco, et même dans les hautes vallées ; il est inconnu de l'autre côté de l'Estérel, où on a cherché en vain à l'acclimater.

La femelle, à peu près inconnue pendant longtemps, est maintenant dans toutes les collections depuis l'annexion.

On la trouve, la nuit, au bord de son trou où elle vient s'accoupler ; elle a des rudiments d'ailes membraneuses dont elle ne fait pas usage.

Il est probable que la larve de la *Luciole* vit aux dépens des *Helix*.

DRILUS (Olivier) (1)

D. flavescens. On prend cet insecte dans les prairies du Var, en fauchant profondément sur les herbes des fossés. La femelle est aptère ; la larve vit dans l'*Helix nemoralis ;* grandes variétés de grandeur; on a remarqué que chez les individus de grande taille les antennes sont flabellées et que chez les plus petits, elles sont seulement pectinées, à partir du quatrième ou du cinquième article.

TELEPHORIDÆ (2)

Les *Téléphorides* ont le corps aplati et mou, les élytres molles ; ils fréquentent les fleurs et sont très agiles et très carnassiers, tellement carnassiers même, qu'on a vu le mâle dévoré par la femelle au moment de l'accouplement.

TELEPHORUS (Schæffer)

T. Alpinus. Je l'ai pris assez communément à Notre-Dame de Fenestres et à l'Aution en battant les branches basses des sapins, principalement autour des clairières.

T. violaceus. Dans la forêt de Salèses, sur les sapins.

---

(1) Voir le travail des *Mollipennes* (Mulsant, f° 421).
(2) *Mollipennes* (Mulsant, (186?, f° 128).

T. hæmorrhoidalis. Assez commun, en été, autour de Nice.

T. albomarginatus. Sur les sapins de la forêt de Salèses, en juin. — Assez rare.

T. pulicarius. Commun un peu partout, en été.

T femoralis. Commun partout.

T. nigriceps. A Luceram, en juin sur les haies. — Assez rare.

T. pilosus. A la Madone de Fenestres, en mai, sur les noisetiers ayant encore le pied dans la neige.

T. subeticus. Dans les mêmes conditions.

T. N. Espèce indécise prise à Moulinet, sur l'yèble.

T. Redtembacheri. A été pris, en juin, à Moulinet.

T. testaceus. Sur les haies, en descendant de l'Aution à Moulinet.

T. fuscus. Commun sur les fleurs, à Nice.

T. rusticus. Le soir, sur les barrières du chemin de fer, en été.

T. lateralis. Pas rare, en été, autour de Nice.

T. lividus. Assez commun dans les prairies du Var et de la Croisette, en été.

T. melanurus. Commun partout, dans les prés du Var et du golfe Juan.

T. Italicus. Recuelli dans les montagnes par M. Gautier.

T. obscurus, tristis, rufus. Catalogue de M. Gautier.

T. flavicollis. Au cap Martin, en mai.

PYGIDIA (Mulsant)

P. denticollis. Pas rare au golfe Juan, en mai, sur les plantes basses.

MALTHINUS (Latreille)

M. fasciatus. Dans les prairies du Var, en juin.

M. biguttatus. Commun dans les bois, en juin.

M. rubricollis. Trouvé en fauchant sur les herbes basses, à Antibes, à la Napoule et a la Croisette.

MALTHODES (Kiesenw...)

M. brevicollis. Par rare à Nice, dans les prés.

M. maurus. Dans les mêmes conditions.

M. minimus. Pas rare sur les chênes et les noisetiers, autour de Nice, au printemps.

M. marginatus. Sur les haies de la vallée du Loup, en mai. — Assez rare.

M. trifasciatus. Pris en fauchant dans les prairies du golfe Juan, au mois de mai.

M. meridianus. Aux îles Sainte-Marguerite et à l'Estérel, en mai, sur le chêne vert.

MALACHIDÆ (1)

Comme les *Téléphorides*, les *Malachides* sont carnassiers dans leurs deux états de larve et d'insecte parfait. Il vivent sur les fleurs et volent facilement.

La larve de l'*æneus* a été étudiée par M. Perris.

MALACHIUS (Fabricius)

M. æneus. Commun partout, en été autour de Nice, sur les fleurs des prairies.

M. rufus. Au golfe Juan, en mai, sur les plantes basses.

M. ovalis. Pris au mois de juin, en fauchant dans les prairies du Var et au Magnan, sur les pousses d'ormes.

M. elegans. Sur les céréales en juin, à Levens et au golfe Juan, en mai.

M. viridis. A Moulinet, en juin sur les plantes basses de la forêt.

M. rubidus. A Moulinet et même à Nice, dans les prés.

M. cyaneus. Trouvé en mai, au golfe Juan.

M. rubricollis. Pas rare autour de Nice, en juillet.

(1) Mulsant et Rey (*Vésiculifères*, 1867).

M. marginellus. Dans la vallée du Loup.
M. parilis. Dans les marais d'Antibes, autour des mares.
M. spinosus. Dans les mêmes conditions.
M. bipustulatus. Catalogue de M. Tappes.

AXINOTARSUS (Mosch...)

A. marginalis. Pris par M. Tappes à Nice et par moi-même, en mai, au golfe Juan.

HYPHEBIUS (Kiesenw...)

H. albifrons. Catalogue de M. Tappes.

ANTHOCOMUS (Erichson)

A. fasciatus. Variété *regalis,* sur l'aubépine à Cagnes, en mars.
A. equestris. Pas rare autour de Nice, au printemps, sur les haies en fleurs.

ATTALUS (Erichson)

A. amictus. A Cannes, en juin, dans les prairies.
A. analis. Dans les mêmes conditions.
A. pulchellus. A Cannes à la Croisette, en juin ; il vivrait sur le *Peucedanum officinale.*

EBÆUS (Erichson)

E. thoracicus. Assez commun dans les bois du Var et au golfe Juan, au printemps.
E. flavipes. Mêmes conditions.
E. flavicollis. Trouvé en mai, dans les prairies de Cannes. — Assez rare.

CHAROPUS (Erichson)

C. concolor. A Berthemont, sur les pentes herbeuses, en juin. — Assez commun.

9 ᴘ

ATELESTUS (Erichson) (1)

A. Peragallonis. Ce joli petit insecte, que M. Perris a bien voulu me dédier, a été découvert par moi, en juillet 1865, sur les galets de la mer, à l'entrée du cap Martin, vers Menton ; M. le docteur Grandvilliers l'a pris aussi à la même époque et dans les mêmes conditions à Carras, près Nice ; enfin, en juin 1878, je l'ai rencontré aussi au fond de la rade de Villefranche, à l'est, au-dessous de la grande muraille du chemin de fer ; il n'est donc pas rare sur notre plage et on s'explique difficilement, qu'étant si commun, si répandu et si différent des autres espèces du même genre, il soit resté inconnu jusqu'en 1865 (2).

On le voit, pendant les fortes chaleurs de juin, juillet et août, courant avec une grande agilité sur les limites de la vague, apparaissant, disparaissant entre les galets ; essentiellement carnassier, il recherche les os, les animaux morts rejetés par la mer et surtout les débris de poissons ; j'en ai pris d'assez grandes quantités à l'embouchure d'un petit ruisseau fréquenté par les blanchisseuses ; le mâle, encore plus vif que la femelle mais plus rare, est facile à reconnaître à sa couleur plus claire, et à la grosseur de sa tête. On ne peut saisir l'*Atelestus* qu'en le guettant au passage et en appliquant sur son corps délicat et assez mou, le doigt mouillé, mais on est souvent prévenu par une araignée qui en fait sa proie ; un autre moyen pour prendre sans trop de fatigue ce petit insecte, c'est de disposer sur la plage de 20 mètres en 20 mètres, des feuilles de papier assez grandes, ayant à leur milieu un os à moitié sec ou des débris de poissons que l'on trouve facilement sur la plage, aux endroits où les pêcheurs ont retiré leurs filets ; il ne reste plus qu'à visiter ces pièges et il est rare qu'on ne fasse pas ainsi une chasse fructueuse.

(1) Voir à la fin du présent travail les descriptions si détaillées de M. Perris et de MM. Mulsant et Rey.

(2) M. le chevalier Baudi de Selve, entolomogiste de Turin, m'a fait tout dernièrement connaître que l'*Atelestus Peragallonis* avait été capturé sur les galets de la mer, à Oneglia.

J'ai dit que l'*Atelestus* se prenait en juin, juillet et août ; il m'est arrivé cependant d'en rencontrer encore quelques exemplaires mâles vers la fin de septembre ; au contraire, les individus pris au commencement des chaleurs sont presque tous des femelles. Je n'ai pas encore pu étudier la larve. J'ajouterai enfin que j'ai vainement cherché ce *Coléoptère* sur les plages sablonneuses de Cannes et du golfe Juan ; le galet paraît être une des conditions de son existence.

COLOTES (Erichson)

C. maculàtus. Pas rare, en juin, au Var, et au golfe Juan, en mai. Selon M. Gautier et M. Tappes il vivrait sur la *Cineraria maritima*.

ENICOPUS (Erichson)

E. pilosus. J'en ai pris quelques exemplaires au mois de mai, en fauchant dans les prairies du golfe Juan.

E. armatus. Catalogue de M. Tappes.

DASITES (Payk..) (1)

Les larves des *Dasytes* sont carnassières comme celles de *Malachites*.

D. 4-pustulatus. Pas rare, en juin, dans les prairies du Var et du Loup et au Magnan.

D. subæneus. Mêmes localités.

D. picticornis. J'ai pris à l'Aution, dans les hautes prairies, ce *Dasytes* qui ne figure pas dans le catalogue de M. Grenier.

D. fusculus. Pas rare, en juin, dans les prairies de Nice.

D. 4-maculatus. Pas rare, au Magnan, selon M. Tappes.

D. Calabrus, niger, plumbeus et *cæruleus.* Catalogue de M. Tappes.

(1) Mulsant (Monographie des *Floricoles*).

DOLICHOSOMA (Stephens)

D. lineare. M'a été donné comme ayant été pris aux îles Sainte-Marguerite.

D. nobile. Commune partout, dès les premiers jours du printemps sur les pissenlits.

DONACÆA (Laporte)

D. pallipes. Trouvée dans les environs de Nice et à Cannes, en fauchant dans les prairies.

CLERIDÆ (1)

Les *Clerides* sont de jolis insectes à forme allongée, revêtus de couleurs variées; ils vivent sur les fleurs, dans les bois pourris et dans les matières en putréfaction.

M. Léon Dufour s'est occupé de leur anatomie.

TILLUS (Olivier)

T. unifasciatus. On le trouve assez souvent en battant au parapluie les haies d'aubépines en fleurs. On le prend aussi le soir, sur les barrières du chemin de fer. Il est beaucoup plus commun dans la France centrale que dans le midi.

THANASIMUS (Latreille)

T. formicarius. Pas rare sur les pins morts et dans les chantiers, aux premiers beaux jours.

OPILUS (Latreille)

O. mollis. Sous les écorces et sur les bois morts. Je l'ai pris à Nice dans un vieux saule.

(1) Mulsant (Monographie, des *Angusticolles*).

CLERUS (Geoffroy)

C. leucopsideus. Il n'était pas rare à Saint-Léger, en 1865, dans un bois de chênes.
C. alvearius. En été, sur les fleurs des jardins de Nice.
C. apiarius. Dans les mêmes conditions.

CORYNETES (Herbst)

C. violaceus. Insecte nocturne qui parfois se rencontre abondamment dans les os et les cadavres d'animaux desséchés.
C. rufipes. Catalogue de M. Gautier.
C. ruficollis. Pris par M. l'abbé Clair dans les inondations de la Siagne.

LARICOBIUS (Rosenh..)

L. Erichsonii. Dans la vallée de Roquebillière, sur les haies battues au parapluie, au mois de juin.

LYMEXYLON (Fabricius) (1)

L. navale. On le prend, mais rarement, au vol, dans les chantiers de Nice et sur les barrières qui les entourent, pendant les chaudes soirées d'été.

PTINIDÆ (2)

Les *Ptinides* sont nocturnes, petits, presque globuleux, sombres de robe, leurs mouvements sont lents. On les rencontre sous les écorces, dans les endroits sombres et humides des maisons, sur les plâtres encore frais ; leurs larves sont très nuisibles aux boiseries, aux meubles et aux collections zoologiques.

(1) Mulsant (Monographie des *Diversipalpes*).
(2) Boieldieu (Annales 1856, f° 296). Mulsant (Monographie des *Gibbicolles*).

HEDOBIA (Latreille)

H. imperiales. C'est le plus grand et le plus orné des *Ptinides.* Il n'est pas rare sur les bois morts, dans les chantiers et même dans les maisons.

H. regalis. Prise à Cannes par M. l'abbé Clair dans un figuier.

PTINUS (Latreille)

P. ornatus. Je l'ai pris à Peillon, en juin, sur les oliviers.

P. fur. Trouvé au golfe Juan et à Antibes, en mai, sur des haies [1].

P. Aubei. Vit sur le chêne dans les galles de cet arbre, selon M. Rouget de Dijon.

P. italicus. Pris par M. l'abbé Clair.

P. irroratus. Sans désignation de localité.

P. sexpunctatus. Sur les oliviers, à Villefranche et à Monaco, en juin.

P. bidens. Au golfe Juan, en mai, sur les haies.

P. dubius. A Menton sous les écorces des platanes, en mars.

P. Germanus. Au golfe Juan, sur les haies, en mai.

P. brunneus et *latrovariegatus.* Catalogue de M. Tappes.

P. quadridens. M. Chevrolat avait créé cette espèce (Catatalogue de M. Grenier et de M. de Marseul) sur un insecte que j'avais pris à Menton sous les écorces ; sa nouveauté a été contestée depuis ; on a prétendu que c'était le *Plinus dilophus* d'Illiger ; mais depuis, M. Mulsant a rétabli le nom de *quadridens* avec indication que le mâle a été trouvé par M. Peragallo à Menton sous des écorces de platanes (Voir Kresenwetter, Faune d'Allemagne, vol. 31). La description est donnée à la fin du présent travail.

GASTRALLUS (Jacquelin du Val)

G. sericatus. Pris à Nice, en mai, par M. Tappes.

---

(1) Audoin, Société des Sciences (Le *Plinus fur* attaquant les farines).

DRYOPHILUS (Chevrolat) (1)

D. pusillus. Au Magnan, en juin, sur les pousses d'ormes.

D. anobioides. A Gilette, en juin, sur les genévriers, mais rare.

ANOBIUM (Fabricius) (2)

A. paniceum. Commun dans les maisons, contre les vitres ; attaque les collections et cause des dégâts dans les magasins de cuirs et de chaussures.

A. striatum. C'est l'insecte nommé *Vrillette* qui perfore les meubles et les boiseries.

A. tessellatum. Dans les fagots et les bûchers.

A. plumbeum. Dans les chantiers et sur les barrières, le soir. — Assez rare.

A. fulvicorne. En mai, au golfe Juan, sur des haies battues au parapluie.

A. molle. Sans désignation précise de localité.

A. cinnamomeum. Un peu partout.

A. longicorne. Pas rare à Cannes, au printemps sur le *Pinus pinea.*

OLIGOMERUS (Redten..)

O. brunneus. Pris à Cannes, par M. l'abbé Clair.

OCHINA (Sturm)

O. Hederæ. Très commun dans les lierres des murailles et des arbres (3).

O. sanguinicollis. J'ai pris ce joli *Coléoptère* plusieurs fois, en battant au parapluie les haies de prunelliers, à la descente du col de Braus et à Sospel, en juin (4).

PTILINUS (Geoffroy)

P. costatus. Dans les fagots au Var, en mars.

---

(1) Monographie (Abeille de Perrin. Annales 1875, f° 206).

(2) Mulsant (Monographie des *Térédiles*). — Dégâts causés par les *Anobiums.* Lucas, Annales 1854, f° XXXIV ; Amiot (Annales 1851, f° CXV).

(3) Description de la larve, Léon Dufour, Annales 1843, f° 313.

(4) Chevrolat (Annales 1833, f° 469).

METHOLCUS (Jacquelin du Val)

M. cylindricus. Je n'ai pris qu'une seule fois cet insecte rare, à Caucade (Nice), sur un olivier.

XYLETINUS Latreille)

N. laticollis. Sur les barrières entourant les chantiers de bois à brûler, à Nice. Je l'ai trouvé aussi en battant les haies au parapluie au golfe Juan, en mai.
N. ater. Le soir, au vol, en été.

PSEUDOCHINA (Jacquelin du Val)

P. hæmorrhoidalis. Au golfe Juan, en mai, sur des haies battues au parapluie.

DORCATOMA (Herbst)

D. Dresdensis. Pas rare autour de Nice, sur les peupliers morts.

APATIDÆ

Insectes cylindriques qui vivent généralement aux dépens du bois ; on cite un *Apate* qui aurait percé le métal de clichés d'imprimerie.

XYLOPERTHA (Guerin...)

X. Chevrieri. Pris en battant des fagots au Var, et le soir, au vol. — Rare.

APATE (Fabricius)

A. capucina. Se trouve parfois sur les chênes et autres arbres abattus.
A. xyloperthoides. Catalogue de M. Tappes.

SINOXYLON (Duftsch...)

S. muricatum. Catalogue de M. Gautier.
S. sexdentatum. Pris par M. Laboulbène, à Cannes, dans un figuier mort.

PSOA (Herbst)

P. dubia. En 1865, cette jolie espèce n'était pas rare sur la vigne sauvage, au Var et à Saint-Isidore.

DINODERUS (Steph...)

D. substriatus. Catalogue de M. Gautier.

LYCTUS (Fabricius)

L. canaliculatus. Commun partout même dans les maisons, où il cause des dégâts aux meubles et aux boiseries.

CISIDÆ (1)

Les *Cisides.* sont de petits insectes qui vivent généralement dans les bolets et dans les champignons ; si on les trouve dans les troncs d'arbres, c'est que probablement ils y ont été attirés par la présence de bolets.

XYLOGRAPHUS (Mellié)

X. Bostrichoides. A Levens, en juillet, sur des bois coupés.

CIS (Latreille)

C. Boleti. Très commun dans les bolets et sur les bois coupés ; on le prend aussi au vol, le soir, en juin.
C. hispidus. Plus rare dans les mêmes conditions.

(1) Mellié (Annales 1868, f° 205 et 313).

ENNEARTHRON (Mellié)

E. affine. Dans les bolets, en été, à Menton.

OCTOTEMNUS (Mellié)

O. glabriculus. Pris dans les bolets, au Magnan et le soir, au vol.

TENEBRIONIDÆ (1)

Chez les *Ténébrionides*, les ailes membraneuses manquent le plus habituellement ; ce sont des *Coléoptères* noirs ou cendrés ; on les trouve dans les caves, les troncs d'arbres et sur les sables de la mer.

STENOSIS (Herbst)

S. angustata. Sur les sables de la mer, en juin, à Cannes, Nice et Menton.

TAGENIA (Latreille)

T. intermedia. Trouvée sous les plantes, au bord de la mer, en mai, et dans la cavité centrale du *Glaucium luteum*, en décembre.

DICHILLUS (Jacquelin du Val)

D. minutus. Trouvé à Nice par M. Tappes.

TENTYRIA (Latreille)

T. bipunctata. A Cannes, sur les sables de la mer.

SCAURUS (Fabricius)

S. tristis. Dans les mêmes conditions que la précédente, et à Menton, en juin.
S. atratus. Pris au château de Nice par M. Gautier.

(1) Mulsant (Menographie des *Latigènes*).

AKIS (Herbst)

A. punctata Au château de Nice, selon M. Teisseire.

PIMELIA (Fabricius)

P. bipunctata. Commune sur les bords de la mer, à Menton, Cannes, golfe Juan, où elle court avec rapidité en plein soleil.

ASIDA (Latreille) (1)

A. grisea. Commune en été, sous les pierres dans les terrains secs, à Monaco, Antibes, Menton, Saint-Laurent du Var.
A. Dejeanii. Dans les parties sèches de nos montagnes, en été, sous les pierres.
A. Jurinei. Dans les mêmes conditions ; elle a été prise à Monaco par M. Tappes.

BLAPS (Fabricius)

B. gages. A Cannes et au château de Nice, sous les pierres, en été.
B. mucronata. Dans les caves et dans les celliers, sous les madriers et tonneaux.

PANDARUS (Mulsant)

P. coarcticollis. Commun à Nice et à Grasse, en été, dans les terrains secs.

OPATRUM (Mulsant) (2)

O. sabulosum. Commun partout sous les pierres, dans les terrains secs (Menton, Monaco).

GONOCEPHALUM (Mulsant)

G. rusticum. En décembre, dans la cavité centrale du *Glaucium luteum*, au Var.

(1) Solier (Annales 1836, f° 403).
(2) Vie évolutive de l'*Opatrum sabulosum* (Lucas, *Ann.* 1870, f° 552).

G. pygmæum. Dans les jardins. Catalogue de M. Gautier.

G. pusillum. Pris plusieurs fois dans les jardins de Monaco, sous les pierres.

MYCROZOUM (Redten...)

M. tibiale. Pris à Cannes au bord de la mer par M. l'abbé Clair.

BIOPHANES (Mulsant)

B. meridionalis. Au Mont-Chauve, selon M. Gautier.

AMMOPHTHORUS (Lacordaire)

A. rufus. Trouvé au pied des oliviers à Monaco et à Moulinet.

TRACHYSCELIS (Latreille)

T. Aphodioides. Sous les détritus de la plage, en mai, à Menton, au golfe Juan et à Antibes.

PHALERIA (Latreille) (1)

P. cadaverina. Pas rare à Menton et à Cannes sous les débris rejetés par la mer, sur les sables.

DIAPERIS (Geoffroy)

D. Boleti. Commun dans les bolets, en juin, à Menton.

PLATYDEMA (Laporte)

P. Europæa. Pris par M. l'abbé Clair dans les inondations de la Siagne.

PHTHORA (Mulsant)

P. crenata. Sans désignation de localité.

(1) Description de la larve (Fairmaire, *Ann.* 1865, f° 657).

ULOMA (Castelnau)

U. culinaris. Trouvée aux îles Sainte-Marguerite par M. l'abbé Clair.

PHYLETUS (Redten...)

P. 4-punctatus. Pris au Var, en juin, en fauchant au pied des haies.

PENTAPHYLLUS (Latreille)

P. Chrysomeloides. Recueilli dans les détritus provenant du débordement de la Siagne.

HYPOPHLÆUS (Hellwing)

H. depressus. A Menton, en mars, sous les écorces.
H. bicolor. Trouvé dans les mêmes conditions.

TENEBRIS (Linné)

T. molitor. Commun dans les maisons et surtout chez les boulangers ; la larve serait le ver de farine.

HELOPS (Fabricius) .

H. cæruleus. J'ai pris assez souvent ce beau *Coléoptère*, en juin et juillet, dans les vieux caroubiers de Nice, de Beaulieu, de Menton et de Roquebrune.
L. pallidus et *pellucidus* (M. l'abbé Clair).
H. lanipes. Commun sous les écorces.
H. dryadophilus. Sans désignation de localité.
H. affinis. En juin, sous les écorces du *Pinus maritima.*
H. Harpaloides. Catalogue de M. Gautier.

ENOPLOPUS (Solier)

E. Caraboides. Commun à Sospel, sous les écorces de chêne, en juin et juillet.

HEDYPHANES (Fischer)

H. rotundicollis. Pris par M. Laboulbène, en mars 1870, à Cannes dans une branche de chêne et par moi-même, au golfe Juan, en battant des buissons de mai.

CISTELIDÆ (1)

C'est une réunion de genres assez dissemblables sous le rapport des formes, des habitudes et surtout des couleurs.

MYCETOCHARES (Latreille)

M bipustulata. Pas rare dans les vieux arbres.
M. linearis. Dans les mêmes conditions.

ALLECULA (Fabricius)

A. morio. Sur des châtaigniers à Berthemont, en juillet, et dans le tan de ces arbres.

CISTELA (Fabricius)

C. varians. Sans désignation de localité.

HYMENALIA (Mulsant)

H. fusca. Je l'ai rapportée de Saint-Martin-de-Lantosque ; elle a été prise aussi à Sospel.

GONODERA (Mulsant)

G. fulvipes. Trouvée en battant au parapluie les chênes de la route de Menton à Sospel.

ISOMIRA (Mulsant)

I. murina. Au golfe Juan, en juin, sur des plantes basses.

(1) Mulsant (Monographie des *Pectinipèdes*)

CTÉNIOPUS (Solier)

C. sulfureus. Pas rare dans les parties montagneuses du département. M. Rouget, de Dijon, l'aurait pris sur le tilleul.

OMOPHLUS (Solier)

O. Lepturoides. Assez commun dans la vallée de la Vésubie, sur les pousses de châtaigniers, en juin.

O. amerinæ. En juin, autour de Nice, dans les prairies.

O. picipes. Au golfe Juan, en fauchant dans les prairies, au mois de mai.

MELANDRYADÆ (1)

Ces insectes ressemblent à des *Elatérides;* on les trouve généralement dans les bolets ou sur les vieux arbres. Ils volent facilement.

ORCHESIA (Latreille)

O. micans. Pas rare dans les bolets des vieux saules, au Var et à Cagnes.

HALLOMENUS (Panzer)

H. humeralis. Très commun dans les gros bolets qui croissent à Menton sur les tamarix ; on prend d'autres bonnes espèces dans ces mêmes bolets.

DIRCÆA (Fabricius)

D. discolor. J'ai pris cette bonne espèce, en juillet dans la forêt de Salèses, en battant les branches des sapins.

---

(1) Mulsant (Monographie des *Barbipalpes*).

MELANDRYA (Fabricius)

M. caraboides. Trouvée le soir, à Nice, dans les chantiers de bois à brûler et sur les barrières.

OSPHYA (Illiger)

O. bipunctata. Catalogue de M. Gautier.

CONOPALPUS (Gyllenhal)

C. brevicollis. A Nice, le soir, au vol, dans les prairies du Var.

MORDELLIDÆ (1)

Coléoptères de petite taille de couleur noirâtre avec bandes blanches ou jaunes; corps bombé à forme toute particulière ; élytres ne recouvrant pas tout à fait l'abdomen. Les *Mordellides* vivent d'ordinaire sur les fleurs où elles sont difficiles à prendre à cause de leur grande agilité et de la faculté qu'elles ont de sauter lorsqu'on les approche.

MORDELLA (Linné)

M. fasciata. Commune partout, surtout sur l'*Achilea millefolium*.
M. aculeata. Commune aussi dans les mêmes conditions.

MORDELLISTENA (Costa)

M. pumila. Pas rare dans les prés en fleurs, au Var et au golfe Juan, dès le mois de mai.
M. inæqualis. Sur les *Ombellifères*, dans les bois, en juin et juillet.
M. variegata. On la prend en battant, au printemps, les arbres en fleurs.

(1) Mulsant (Monographie des *Longipèdes*).

M. humeralis. Sur les *Ombellifères*, dans les bois.

M. abdominalis. Sans désignation de localité ; on la prend, dit-on, sur l'*Anthriscus sylvestris*.

ANASPIS (Geoffroy)

A. pulicaria. Sur les *Ombellifères*, sous bois, en juin.

A. thoracica. Pas rare dans les mêmes conditions.

A. maculata. Commune sur les *Ombellifères*; elle a été prise sur les orangers en fleurs, à Nice.

A. frontalis. Pas rare dans les bois couverts et humides.

A. rufilabris. Dans les mêmes conditions.

A. flava. Catalogue de M. Gautier.

A. Geoffroyi. Catalogue de M. Gautier.

A. ruficollis. A Nice (M. Tappes).

SILARIA (Mulsant)

S. varians. On la prend assez communément en promenant la filoche sur les plantes, dans les bois et les prairies.

SCRAPTIA (Latreille)

S. fusca. Dans les prairies des parties montagneuses du département.

S. dubia. Dans les mêmes conditions.

METÆCUS (Gerstæker)

M. paradoxus. J'ai trouvé, en juin, à Antibes, en fauchant sur les joncs et les chardons, au bord de la mer, cet insecte qui accomplit ses transformations dans les nids de *Guêpes*.

CANTHARIDÆ

Les insectes de cette famille ont généralement les élytres assez molles, la tête détachée du corps par une espèce de cou ; les uns se tiennent sur les fleurs, d'autres sur les arbres, d'autres enfin ne quittent pas la terre ; plusieurs epèces sont *vésicantes*. Les larves vivent généralement en parasites des *Hyménoptères mellifères*.

LAGRIA (Fabricius)

L. hirta. On la trouve sur les haies, au printemps, autour de Nice.

PYROCHROA (Geoffroy) (1)

P. coccinea. Prise assez souvent sur les *Ombellifères* dans nos plus hautes montagnes, autour des scieries, et sous les écorces en été.

MELOÉ (Linné) (2)

M. rugosus. C'est l'espèce la plus répandue autour de Nice; on la trouve sur les talus, le long des chemins.

M. cicatricosus. Dans les mêmes conditions, sur le mouron plus particulièrement. « La femelle, dit M. Lichtenstein, pond des œufs d'un rouge orange dans un trou qu'elle ferme avèc des feuilles. » Cet insecte répand une liqueur âcre et jaunâtre qu'il faut éviter de toucher.

M. proscarabæus. Pris au Boréon par M. Gautier

M. cyaneus. M'a été donné comme venant de Grasse (mai).

M. autumnalis. Catalogue de M. Gautier.

M. brevicollis. Figure au catalogue de M. Gautier, comme pris dans les régions froides des Alpes-Maritimes.

CEROCOMA (Geoffroy)

C. Schæfferi. Sur les plantes basses autour des champs de blé, et plus particulièrement sur la camomille (Levens, Saint-Blaise et Cagnes).

(1) Mulsant (Monographie des *Latipennes*).
(2) Mulsant (Monographie des *Vésicants*).

MYLABRIS (Fabricius)

M. 4-punctata. Commune à Cannes et à La Napoule en juin, sur le *Kentrophyllum lanatum,* grand chardon à fleurs jaunes.

M. variabilis. Moins commun dans les mêmes conditions : ces deux espèces, bien que vivant en société sur la même plante, sont distinctes, car j'ai trouvé les *4.-punctata* accouplées, les *variabilis,* aussi, sans mélange.

Une grande punaise fait la guerre à ces insectes; elle les couche sur le côté et plonge son suçoir dans leur flanc.

Le *M. variabilis* a été pris à Roussillon par M. Gautier.

M. geminata. Aurait été trouvée au Villars.

CANTHARIS (Geoffroy) (1)

C. vesicatoria. Pas aussi commune que dans l'intérieur de la France : recueillie à cause de ses propriétés épispastiques; on la prend sur le frêne, le lilas, le troène et même sur le chèvrefeuille.

M. Lichtenstein est parvenu à élever la larve.

M. Audoin a donné des détails très intéressants sur l'anatomie et l'accouplement des *Cantharides.*

ZONITIS (Fabricius)

Z. præusta. Se prend, mais rarement, sur la plage de Cannes et sur celles de Menton et d'Antibes, en août, dans les chardons.

STENORIA (Mulsant)

S. apicalis. Chaque année, je prenais, en juillet, quelques exemplaires de cet insecte méridional, à Menton sur de petits chardons bleus *(Echinops ritro)* qui poussent dans les sables de la plage.

(1) Mémo're sur les *Cantharides* (Audoin, Académie des sciences 1826). Education et histoire des larves (Lichtenstein, Annales 1875, f° 201).

Pline l'Ancien dans son grand ouvrage sur l'histoire parle de cet insecte. Livre XI, chap. XLI.

ANTHICIDÆ (1)

Petits insectes à forme déliée qui vivent en famille près de terre et sont assez communs autour de Nice ; certains d'entre eux sont munis de cornes sur le corselet (*Notoxes*).

NOTOXUS (Geoffroy)

N. brachypterus. Pas rare sur les jeunes saules, en mai.
N. cornutus. Même habitat.

FORMICOMUS (Laferté)

F. pedestris. Trouvé en décembre dans la cavité centrale du *Glaucium luteum.*

LEPTALEUS (Laferté)

L. Rodriguii. Pris à Nice par M. Tappes.

ANTHICUS (Paykull)

A. 4-guttatus. Dans la cavité centrale du *Glaucium luteum,* au Var, en décembre.
A. sanguinicollis. Commun en juin, à Peillon, sur les oliviers (variétés à élytres presque noires).
A. floralis. Pas rare, en été, sous les pierres de la nouvelle route de Villefranche.
A. antherinus. Commun partout, sous les pierres et les écorces.
A. bifasciatus. Dans les jardins humides, autour de Nice et de Menton.
A. obtabilis. On le prend communément à Villefranche et à Saint-Jean en fauchant sous les oliviers, au mois de mai.
A. hispidus. Sans désignation de localité.

(1) Mulsant (Monographie des *Colligènes*).

A. tenellus. A Cannes et à Antibes, dans les prairies, en mai. — Pas rare.

A. plumbeus. Pas rare, au golfe Juan, en mai, sur les plantes basses.

A. flavescens. Sans désignation de localité.

A. tristis. Même remarque.

A. fasciatus. Catalogue de M. Gautier.

OCHTHENOMUS (Schmidt)

O. sinuatus. Commun en décembre dans le *Glaucium luteum.*

O. unifasciatus. A Nice, sous des planches, dans un magasin humide, en mai.

XYLOPHILUS (Latreille)

X. sanguinolentus. Trouvé, en mai, à l'embouchure du Var, sous des billots échoués.

X. populneus. Nice, catalogue de M. Tappes.

ÆDEMERIDÆ

Les *Ædémérides* se rencontrent généralement sur les *Ombellifères* et sont plus particulièrement originaires du midi de la France.

Les mâles, dans certaines espèces, ont les cuisses très renflées, sans que, pour cela, ils soient doués de la faculté de sauter.

Les *Myctérides* sont moins sveltes, leurs élytres sont recouvertes d'une efflorescence jaunâtre. En raison de cette particularité, il est utile de les piquer immédiatement après les avoir capturés, car leur séjour dans les flacons les détériorerait.

NACERDES (Schmidt)

N. melanura. Se prend assez communément en fauchant dans les prairies du Var, aux mois de juin et de juillet.

ANONCODES (Schmidt)

A. amæna. Pas rare, dans le mois de mai, sur les fleurs des prairies du Var et du golfe Juan.

A. uslulata. Assez commune sur les *Ombellifères* du Var, en été.

A. rufiventris. Trouvée à Nice par M. Bruyat.

ASCLERA (Schmidt)

A. cærulea. Prise, en juin, à Berthemont sur des pommiers sauvages en fleurs, battus au parapluie. Je l'ai prise depuis, en mai, au golfe Juan.

DRYOPS (Fabricius)

D. femorata. J'ai rencontré deux fois à Nice, cet insecte nocturne, pendant le jour, accroché à des lierres ; on l'a pris aussi au vol, le soir.

ÆDEMERA (Olivier) (1)

Æ. simplex. Cette jolie espèce n'est pas rare, en juin, sur les *Ombellifères*, à la Croisette ; sa grande vivacité la rend difficile à capturer.

Æ. tristis. Pas rare dans nos montagnes sur les *Cacalias* des forêts de la Maïris et de Moulinet, au mois de juillet.

Æ. Podograriæ. Commune partout, dans les bois, sur les fleurs.

Æ. flavipes. Au golfe Juan, en mai, dans les prairies.

Æ. atrata. A Nice et au golfe Juan, en mai et juin, sur les *Ombellifères* de nos prairies.

Æ. subulata. Sans désignation de localité.

Æ. lurida. Pris au Mont-Leuze et au golfe Juan.

CHRYSANTHIA (Schmidt)

C. viridissima. On la prend un peu partout en fauchant sous bois et dans les prairies, aux mois de mai et de juin. — Pas rare.

---

(1) Mulsant (Monographie des *Angustipennes*).

STENOSTOMA (Latreille)

S. rostrata. Pas rare sur des chardons, au bord de la mer. Je l'ai prise aussi contre des pieux enfoncés en mer, au golfe Juan.

MYCTERUS (Olivier)

M. Curculionides. Un peu partout, au bord de la mer, sur les chardons.
M. Umbellatorum. En mai, au golfe Juan, sur des cistes blancs.

SALPINGIDÆ (1)

SALPINGUS (Illiger)

S. 4-guttatus. A été pris au bois du Var, en battant des fagots.

RHINOSIMUS (Latreille)

R. ruficollis. Dans les chantiers de bois à brûler.
R. planirostris. Dans les mêmes conditions et sous les écorces, au bois du Var.

CURCULIONIDÆ

Famille essentiellement *Phitophage* et très nombreuse. Ce sont, à quelques exceptions près, des insectes lourds, volant peu, vivant sous les pierres, sur les plantes et sur les arbres.

Les larves *apodes*, causent souvent de graves dommages à l'agriculture et s'attaquent surtout aux légumineuses.

L'insecte parfait a un roste parfois très long armé d'une languette et auquel s'attachent des antennes

(1) Mulsant (Monographie des *Rostrifères*).

presque toujours coudées et finissant en massue ; on le
voit promener ce roste de haut en bas sur les feuilles
qu'il dépouille rapidement de leur parenchyme et qu'il
dévore même par la tranche.

Certaines femelles, après avoir déposé leurs œufs sur
des feuilles encore adhérentes à l'arbre, les roulent
avec un art infini ; l'hiver arrive ; la feuille roulée tombe
et la larve trouve dans son enveloppe la nourriture
suffisante pour atteindre à sa dernière transformation
(*Attelabus*) (*Rhinchites*). Les larves de *Cionus* se
construisent sur la plante qui les a nourries, un cocon
transparent, pour abriter leur nymphe.

BRUCHUS (Linné)

B. rufimanus. C'est la *Bruche* des fèves ; commune
sur les fleurs et dans le fruit de cette légumineuse.

B. biguttatus. Pris au golfe Juan, en mai, dans les
prairies.

B. nigripes. Au Var ; M. Perris l'a obtenu de larves
vivant sur le *Latyrus sylvestris*.

B. dispar. On le prend assez communément, en fauchant sur les bords du Loup.

B. sericatus. A Berthemont, en juin, sous les châtaigniers.

B. olivaceus. Pas rare au golfe Juan, en mai, dans
les prairies. Pas rare non plus à la pointe d'Antibes.

B. variegatus. Très commun, en mai, dans les prairies du golfe Juan et de Sospel.

B. pubescens. Partout, même dans nos jardins. M.
Rouget de Dijon l'a trouvé dans les gousses de l'*Astragalus glycyphyllos*.

B. Pisi. Commun dans les pois secs.

B. rufipennis. J'ai pris à Cannes et surtout à la Napoule et à Agay cette jolie espèce en fauchant autour
des champs cultivés, en mai.

B. nubilus. Commun, en mai, sur la *Vicia sativa*.

B. Cisti. Commun, en juin, au golfe Juan, sur le ciste
blanc.

B. gilvus. A la même époque et dans la même localité, en fauchant dans les prairies.

B. marginellus. Sans indication précise de localité ;

selon M. Perris la larve vivrait dans l'*Astragalus gly-cyphyllos.*

B. ater. Sans désignation précise de localité.

B. seminarius. Se tient sur la *Vicia sepium.*

B. basalis. Dans les régions froides.

B. varius. Catalogue de M. Gautier.

B. flavimanus et *griseo-maculatus.* Catalogue de M. Gautier.

B. imbricornis. Catalogue de M. Tappes.

SPERMOPHAGUS (Schæn..)

S. Cardui. Se prend communément en fauchant; le chercher sur l'*Anthriscus sylvestris.*

M. Perris l'a obtenu de larves vivant dans les graines du *Convolvulus sepium.* Encore un insecte dont le nom d'espèce est de nature à induire en erreur.

URODON (Schæn..)

U. rufipes. Commun, en été, sur le *Reseda lutea.*

U. suturalis. Assez commun sur le *Reseda luteola.*

BRACHYTARSUS (Schæn .)

B. scabrosus. Pas rare sous les écorces des arbres vivants, au printemps; la larve aurait été trouvée dans des grosseurs formées sur la tige de la *Spiræa salicifolia.*

B. varius. Pris sous les écorces, dans les bois du Var et en fauchant sur les herbes.

TROPIDERES (Schæn..)

Les insectes de ce genre vivent sur les *Amentacées.*

T. sepicola. Sans désignation de localité.

T. niveirostris. Rapporté de la haute montagne, où je l'avais pris sous des écorces de hêtre.

T. albirostris. Au Var, en avril, sur des haies; je l'ai trouvé aussi dans des détritus d'inondations.

PLATYRHINUS (Clairville)

P. latirostris. Dans la forêt de Moulinet, en juin, sur des souches de hêtre.

APODERUS (Olivier)

Les *Apodères* et les *Atellabes* se rencontrent sur les *Amentacées*.

A. Coryli. Commun partout sur les noisetiers ; j'ai trouvé à la Madone de Fenestres un exemplaire à corselet rouge et à écusson noir que je croyais appartenir à une espèce nouvelle. Selon M. Tappes ce serait le *rufficollis.*

A. intermedius. Beaucoup plus petit que les précédents, a été pris dans le vallon de Contes.

ATELLABUS (Linné) (1)

A. Curculionides. Commun partout sur les chênes.

RHINCHITES (Herbst) (2)

Les *Rhinchites* vivent sur les aulnes, les chênes, charmes, peupliers, pruniers, poiriers et sur la vigne. Ce sont des insectes essentiellement nuisibles.

R. cæruleocephalus. Dans les forêts de la haute montagne.

R. auratus. Commun en mars, sur les arbres à fruits.

R. æquatus. Pris sur les arbres à fruits en descendant de l'Aution, à Luceram, au printemps.

B. Betulæ. Pas rare, en mai, à la Madone de Fenestres. M. Perris l'a trouvé sur les aulnes et a constaté que la femelle déposait ses œufs dans une feuille roulée (Annales 1876, f° 196).

B. Betuleti. Se rencontre assez souvent sur la vigne. La femelle abrite sa ponte comme le précédent.

---

(1) Colonel Gourrau (Annales 1841, f° 21, Annales 1841, f° V).

(2) Les mâles des *Rhinchites* ont le protorax armé, sur le devant, de deux épines.

B. Germanicus. Sur les haies, à la Madone de Fenestres et à la Maïris.

B. præustus. Sur le chêne vert, à la Mantéga et sur le chêne-liège, à l'Estérel.

B. Populi. Commun au Magnan, sur le peuplier.

AULETES (Schœn...)

Les *Auletes* vivent sur les tamarix et les cistes.

A. meridionalis. Trouvé en mai, à Cannes sur le *Quercus suber* (chêne-liège).

RHINOMACER (Fabricius)

Les *Rhinomacers* et les *Driodyrhynques* ; car malgré l'opinion émise par M. Jacquelin du Val dans son genera, il est reconnu aujourd'hui que ces deux genres, bien que vivant parfois ensemble, sont parfaitement distincts ; on les trouve sur les pins et les sapins [1].

R. attelaboides. Assez commun à la Madone de Fenestres, en juin, sur les sapins malades.

DIODYRHYNCHUS (Megerle)

D. Austriacus. Dans les mêmes conditions et en même temps ; ces deux genres vivent là, en compagnie.

APION (Herbst) (2)

On rencontre les *Apions* sur les *Papilionacées, Gynarocephalées, Polygonées, Malvacées, Urticées, Cistinées, Euphorbiées Labiées, Hypericées, Tamariscinées, Plumbaginées, Salicinées, Rutacées, Crassulacées* et *Oleacées* (ainsi que je l'ai constaté à Carras) *(Galactitis).*

Ce genre est excessivement nombreux puisque le catalogue Grenier en présente 124 espèces françaises.

A. Carduorum. Je·l'ai pris en grande abondance à Cannes sous des tiges d'artichauts en putréfaction ; la larve vit dans la côte médiale des feuilles.

---

(1) Voir Perris (Annales 1857, fᵒ 85. Annales 1862, fᵒ 219).

(2) Histoire et mœurs des *Opions* (Perris, Annales 1863, fᵒ 451. Aubé. Annales 1866, 165).

Var. *Galactitis.* J'ai trouvé cette variété dévorant des pousses d'oliviers, à Carras, et vivant là, avec le *Cionus Fraxini ;* on le prend aussi, paraît-il, sur la *Galactites tomentosa.*

A. candidum. Autrefois *oculare.* Très commun à Monaco et à Saint-Jean sur la *Ruta augustifolia.* La larve vit dans le fruit de cette plante à odeur nauséabonde.

A. Germari. Pas rare sur la *Mercurialis.*

A. immune. En juin, à Nice, sur le *Sarothamnus scrofularius.*

A. Fagi. Suivant M. Guérin Menneville, on le prend sur le *Trifolium pratense* (Annales 1863, f° 66). La larve a été élevée par M. le docteur Laboulbène.

A. semivitatum. Pris en fauchant au Var et à Cagnes, la larve se nourrit aux dépens de la *Mercurialis annua.*

A. Pomonæ. Commun sous les écorces, en février, à Menton ; la larve vivrait sur le *Lathirus pratensis* et la *Vicia sepium.*

A. Astragali. Jolie espèce prise à Gilette en battant les genévriers. Selon M. Perris, la larve attaquerait l'*Astragalus glycypyllos.*

A. Genistæ. La larve vit dans les gousses de la *Genista spinosa.*

A. concritum. Sans désignation de localité.

A. Meliloti. Dans les bois de la plaine, au printemps.

A. morio. Dans les mêmes conditions.

A. rufescens. Sur la *Parietaria officinalis,* selon M. Aubé.

A. Ulicis. Pas rare sur les *Ulex,* à Antibes.

A. Caullei. Je l'ai pris à Levens en fauchant au bord des blés ; la larve vit dans la tige du Bluet *(Centaurea cyanus).*

A. vernale. La larve accomplit toutes ses transformations dans la tige des orties *(Urtica dioïca),* où vit l'insecte parfait.

A. apricans. Sans désignation de localité.

A. angustatum. Trouvé communément dans la cavité centrale du *Glaucium luteum ;* je l'ai pris, en mai, au golfe Juan, en fauchant dans les prairies.

A. Viciæ. Commun sur la *Vicia cracca*, sur l'*Her-vum hirsutum* et sur le *Melilotus macrorhiza*.

A. Trifolii. Commun sur le *Trifolium pratense*.

A. Malvæ. La larve vit dans le fruit des Mauves (*Malva rotundifolia, sylvestris et Nicœnsis*).

A. cruentatum. Sur les pins, en juin, à Berthemont.

A. hæmathodes. Sans désignation de localité. La larve a été décrite par M. Laboulbène (Annales 1862, fᵒ 567); elle vivrait sur le *Rumex acetosella* et sur le *Teucrium scorodonia*.

A. rubens. Le chercher sur le *Rumex acetosella*.

A. violaceum. Sur l'oseille des jardins et sur tous les *Rumex*.

A. æneum. Dans nos jardins sur l'*Altea rosea* et sur la *Malva sylvestris*.

A. ochropum. Vit sur le *Lathyrus pratensis*.

A. minimum. Sa larve vit dans les galles provoquées sur le *Salix vitelina* par la piqûre d'un *Hyménoptère*.

A. æthiops. Catalogue de M. Tappes.

A. nigritarse. Se prend sur le *Trifolium procumbens*.

A. Pisi. En juin, au Var, sur le *Pisum arvense* et sur le *Latyrus pratensis* [1].

A. assimile. Au Var, en décembre, dans le *Glaucium luteum*.

A. Capiomonti. Pris en abondance par MM. Grenier et Aubé aux iles Sainte-Marguerite sur le *Cistus cripus*. Je l'ai trouvé, en mai, au golfe Juan.

A. fuscirostre. A Saint-Laurent sur le *Sarothamnus scoparius* ou genêt à balais.

A. elongatum. Au golfe Juan et à Antibes, en mai; selon M. Perris, la larve vivrait sur le *Lotus corniculatus*.

A. frumentarium et *violaceum*. Trouvés, en mai, dans les prairies du golfe Juan.

A. albopilosum. Sur la plage de Cannes (insecte algérien).

A. concritum. Sans désignation de localité.

A. basirostre et *gibbirostre*. Catalogue de M. Gautier.

[1] Ravages causés par l'*Apion Pisi* dans les cultures d'oseille (Girard, Annales 1859, fᵒ CXXI).

A. atomarium. A Levens sur le *Thymus serpillum*, suivant les indications de M. Perris.

A. tenue. A Menton et à Sospel sur le *Medicago sativa*.

A. Tamariscis. A Menton et à Nice sur les tamarix.

A. flavofemoratum et semivitatum. Catalogue de M. Tappes. Le premier se prendrait sur le trèfle rouge.

RHAMPHUS (Clairville)

R. flavicornis. En juin, sur les buissons du Var.
R. æneus. Catalogue de M. Gautier.

BRACHYCERUS (Fabricius) (1)

Toutes les larves connues des *Brachycerides* se nourrissent de la pulpe des oignons ou de celle des plantes *Liliacées*. Celle de l'*undatus* a été trouvée en abondance à Antibes par M. Picart dévorant les oignons de narcisses, dans les jardins. L'insecte parfait est nocturne (Laboulbène, Annales 1876, f° 93).

B. Algirus. Trouvé aux Quatre-Chemins dans un fossé voisin d'un jardin. La larve vivrait dans l'ail comestible.

B. undatus. A Nice, à Antibes et à Grasse dans les jardins.

THILACITES (Germar)

T. depilis. Je n'ai jamais pris ce joli insecte ailleurs que dans la cavité centrale du *Glaucium luteum*, où il était abondant en décembre 1876, au Var.

CNEORHINUS (Schœn..)

C. meridionalis. A la Croisette (Cannes), en mai, dans les prairies.

(1) Monographie des *Brachycères* (Bedel, Annales 1874. f° 119).

STROPHOSOMUS (Schœn..)

S. Coryli. Très commun sur les noisetiers, à la lisière des bois.

SCIAPHILUS (Schœn..)

S. muricatus. Dans les bois humides, au printemps. — Assez commun.

BRACHYDERES (Schœn..)

B. incanus. Pas rare à Cannes, en juillet.
B. pubescens et *lepidopterus.* Catalogue de M. Gautier.

EUSOMUS (Germar)

E. ovulum. Pas rare dans les bois du Var. Il habiterait les orties.

TANYMECHUS (Germar)

T. palliatus. Pris au Var par M. Tappes.

SITONES (Schœn..) (1)

S. regensteinensis. Assez commun dans les bois ; la larve vivrait sur le *Spartium junceum.*
S. sulfurifrons. Sur le *Trifolium pratense.*
S. lineatus. Commun au golfe Juan, en mai, sur l'*Astragalus glycyphyllos.*
S. octopunctatus. Commun dans les bois.
S. suturalis. Vivrait sur le *Lathyrius pratensis.*
S. discoideus. Sans désignation de localité.
S. crinitus. Au Var et à l'Estérel, en juin.
S. flavescens. Vivrait sur le *Lotus uliginosus.*
S. cinnamomeus. Pris en fauchant à la Croisette, au mois de mai.
S. hispidulus. Habitat inconnu.
S. Meliloti. Vivrait sur le *Melilotus officinalis.*

(1) Travail sur les *Sitones* (Allard, Annales 1864, f° 329).

S. gressorius. Commun au Var, au printemps.
S. ambulans. Aux îles Sainte-Marguerite, en juin.
S. chloroloma. Dans la même localité.
S. cambricus et *hispidulus.*Catalogue de M. Tappes.

POLYDROSUS (Germar) (1)

P. lateralis. J'ai pris cette charmante espèce à plusieurs reprises en battant au parapluie les arbres résineux dans le bas de la forêt de Moulinet au pied de l'Aution, en face de la glacière, et à la Madone de Fenestres ; il faut piquer sur place cet insecte si on désire lui conserver sa fraîcheur et surtout son coloris résultant d'écailles métalliques que tout liquide ferait tomber. Le *lateralis* ne figure pas au catalogue de M. Grenier.

P. undatus. On le trouve dans les bois et sur les barrières, à la tombée du jour.

P. impressifrons. M. Rouget désigne les osiers comme l'habitat de cet insecte.

P. sericeus. Très commun dans les bois de chênes, en été.

P. cervinus. Commun aussi dans les bois, sur les chênes, en été.

P. micans. Mêmes conditions.

P. Peragallonis. Cette espèce nouvelle, que j'ai découverte en 1867, dans la forêt de Moulinet, a été déterminée par M. Desbrochers des Loges dans les Annales de 1869. En même temps M. Chevrolat, qui la tenait probablement de moi, la publiait sous le nom de *nodulosus* dans une revue allemande [2].

Ces deux déterminations rendent complétement certaine la nouveauté de l'espèce et je me crois autorisé à conserver la dénomination de M. Desbrochers des Loges.

P. corruscus. Catalogue de M. Gautier.

P. Pterygomalis. Nice, catalogue de M. Tappes.

P. dorsalis. Pris par M. l'abbé Clair à Venanson, sur les sapins le long du canal.

(1) Arbres à fruits attaqués par un *Polydrosus* (De Vaga. Annales 1839).
(2) Voir la description à la fin du présent travail.

METALLITES (Schœn...)

M. mollis. Commun à la Madone de Fenestres, sur les pins du nord.

M. atomarius. Sur les sapins de la même localité.

M. marginatus. Même remarque.

M. Laricis. J'ai découvert cette espèce nouvelle sur les mélèzes (*Pinus laryx*) du plateau de Beuil, en juillet 1862. Elle a été déterminée par M. Chevrolat [1].

M. geminatus. Nice, catalogue de M. Tappes.

CHLOROPHANUS (Germar)

C. viridis. On le prend assez communément dans le bois du Var, en fauchant sur les grandes plantes, au printemps.

CLEONUS (Schœn..) [2]

C. palmatus et *ophtalmicus.* Pas rares, au printemps, sous les pierres autour de Nice et de Levens.

C. cinereus. Plus rare dans les mêmes conditions.

C. marmoratus. Au Var, le long des fossés.

C. albidus. Pris à Cannes par M. l'abbé Clair.

C. grammicus. Au Férisson, sous les pierres.

C. morbillosus, excoriatus, scutellatus, costatus. Figurent au catalogue de M. Gautier.

PACHYCERUS (Schœn..)

P. albarius. M. l'abbé Clair l'a trouvé à Cannes dans les détritus des débordements de la Siagne.

MECLASPIS (Schœn..)

M. alternans. Pris à Cannes par M. l'abbé Clair.

M. cæsus. Catalogue de M. Tappes.

---

(1) Voir la description, à la fin du présent travail.
(2) Dégâts causés par les *Cleonus* (Deyrolle, Annales 1859).

ALOPHUS (Schœn..) (1)

A. triguttatus. Nice, au bord des routes.

LIOPHLÆUS (Germar)

L. nubilus. Trouvé dans les mêmes conditions.

GEONEMUS (Schœn..)

G. flabellipes. Insecte fort remarquable que j'ai pris avec M. Tappes, sur les genêts épineux du cap Martin.

BARYNOTUS (Germar)

B. obscurus. Sous les pierres, au Mont-Vinaigrier.
B. maculatus. Pris à Berthemont.
B. illæsirostris. Sans désignation de localité.
B. mocreus (Fab.). Trouvé à la Madone d'Utelle.
B. margaritaceus et *squalidus* (M. Gautier).

TROPIPHORUS (Schœu..)

T. Mercurialis. Sans désignation de localité.

MINYOPS (Schœn.)

M. variolosus. Sur la route de la Corniche dans les fossés, en mai.

LEPYRUS (Germar)

L. colon. Au cap Martin, en juin.
L. binotatus. Assez commun, partout, au printemps.

TANYSPHYRUS (Germar)

F. Lemnæ. Cet insecte, excessivement petit et noirâtre, se trouve assez souvent sous les pierres qui bordent les mares et les flaques d'eau.

---

(1) Décrit par M. Capiomont (Annales 1867, f° 415).

HYLOBIUS (Schœn..)

Insectes qui vivent dans les *Abietinées*.

H. Abietis. Commune sur le *Pinus abies ;* on rencontre assez souvent, en mai et juin, la larve, la nymphe et même l'insecte parfait encore incolore, dans les scieries, sous les écorces des arbres abattus.

H. Pineti. Catalogue de M. Gautier.

H. fatuus. A Cannes (lieux marécageux).

MOLYTES (Schœn..)

M. coronatus. A Nice, dans les bois.

ANISORHYNCHUS (Schœn..) (1)

A. bajulus. Pas rare dans les terrains secs qui bordent la route de Gênes, aux Quatre-Chemins.

A. Sturmii. Pris par M. Linder au Mont-Vinaigrier.

LIOSOMUS (Kirby)

Les *Liosomes* se rencontrent sur les *Renonculacées*.

L. ovatulus. A l'embouchure du Var, au pied des arbres et dans les prairies, en mai.

L. rufipes. J'ai pris ce *Curculionide* sous les pierres, dans les parties les plus froides de la Maïris, en juillet.

L. oblungulus. Catalogue de M. Tappes.

PLINTHUS (Germar)

Les larves des *Plinthes* vivent sur les *Abiétinées*, les *Poligonées* et les *Fougères*.

P. caliginosus. Dans les bois de chênes.

P. Chevrolati. Insecte rare trouvé dans la forêt de Salèses, sous les billots, en juin.

P. tigratus. J'ai pris deux fois ce magnifique et rare *Coléoptère*, nouveau pour la Faune française, sous les pierres, au bord de l'eau, à Isola et à l'Escarène.

---

(1) Monographie (Desbrochers des Loges, Annales 1875, f° 161).

PHYTONOMUS (Schæn..) (1)

Les *Phytonomes* vivent sur les *Silenées*. les *Geraniées*, les *Ombellifères*, les *Poligonées*.

- *P. punctatus*. Pas rare, en été, même dans les rues.

P. globosus. Moins commune.

P. nigrirostris et *Poligoni*. Dans les fossés, sur les plantes, à Nice et au golfe Juan.

P. socialis. Espèce algérienne, nouvelle pour la Faune française. Prise au Var, noyée dans un ruisseau.

P. Viciæ. Pas rare sous les pierres ; la larve vit dans l'*Hilosciadium nodiflorum*.

P. crinitus. Trouvé par M. l'abbé Clair.

P. variabilis. *Pollux*. Catalogue de M. Gautier.

P. tigrinus. Nice, catalogue de M. Tappes.

LIMOBIUS (Schæn..) (2)

L. dissimilis. Pas rare en mai dans les prairies.

L. mixtus. Pris dans les mêmes conditions. La larve vit dans l'*Erodium guttatum*.

CONIATUS (Germar) (3)

C. Tamarisci. Ce bel insecte à livrée si riche est très commun, en mai et juin, sur le *Tamarix gallica*, au bord de la mer. Il vit dans les fleurs et sur les feuilles de cet arbre.

C. repandus. Plus sombre de robe et moins commun. Ces deux espèces se rencontrent rarement ensemble ; je n'ai jamais trouvé le *repandus* à Menton, mais je l'ai pris au Var, à Cannes et au golfe Juan.

RHYTIRHINUS (Schæn...)

R. impressicollis. Assez commun, en hiver, au Montboron, sous les pierres des terrains rouges.

(1) Caplomont (Annales 1869, f° 73).
(2) Capiomont (Annales 1868, f° 73 et Annales 1869).
(3) Perris (Annales 1851).

PHYLLOBIUS (Schœn...)

P. uniformis. Commun, en juin, à la lisière des bois, sur les buissons et sur les jeunes arbres.

P. atrovirens. Rapporté de la Madone de Fenestres.

P. argentatus et *Betulæ.* Communs sur les chênes, à Sospel.

P. Pyri. Pas rare, en mars, sur les pousses d'arbres.

P. viridicollis. Nice ; catalogue de M. Tappes.

GRONOPS (Schœn..)

G. lunatus. Pris par M. Gautier.

TRACHYPLÆUS (Germar)

T. squamosus et *spinimanus.* Pas rares avec les suivants, autour du lac de la Madone de Fenestres, sous les pierres, en juillet.

T. alternans. Assez commun avec le *Rhytirhinus impressicollis* dans les terrains rouges du Montboron.

T. scaber. Nice, catalogue de M. Tappes.

MEIRA (Jacquelin du Val)

M. crassicornis. Sans désignation de localité.

OMIAS (Germar)

O. brunnipes. Sous les mousses, à Sospel.

O. ebeninus. En avril, dans les inondations du Var.

O. mandibularis. A Cannes, au pied des pins d'Italie.

PERITELUS (Germar)

P. necessarius. Un peu partout, au printemps.

P. rusticus. Au golfe Juan, en mai, dans les prairies.

P. griseus. Sur les broussailles du cap Martin.

P. argentatus. Trouvé au Siruol et à Saint-Martin-de-Lantosque, sur les pins du Nord, en juin.

P. noxius. Commun au golfe Juan, en mars.

P. senex. A Nice. Catalogue de M. Tappes.

OTIORHYNCHUS (Germar) (1)

O. Schænheri. Commun à Nice au printemps sur les pousses d'oliviers.

O. Cremieri et *subdentalus.* Communs sur les Euphorbes au Château de Nice et à Monaco.

O. armadillo. Commun, en juin, sur les noisetiers.

O. ligustici. Sous les pierres, autour des vignes.

O. sulcatus. Même habitat. Ces deux espèces nocturnes doivent être détruites par les viticulteurs, car elles s'attaquent aux bourgeons de la vigne dès leur apparition. M. Lucas a relevé dans les Annales de 1869, f° 50, que la larve de cet *Othiorhynque* avait causé de grands dommages à l'*Hedera, helix,* et au *Spiræa opulifolia,* cultivées à Fontenay-aux-roses, en rongeant le collet des racines de ces arbustes.

O. tenebricosus et *piscipes.* Pas rares sur les haies.

O. Carinthiacus. A été pris à la Madone de Fenestres, sous les pierres, à la fonte des neiges.

O. griseopunctatus. Sans désignation de localité.

O. Coryli. Espèce nouvelle, déterminée par M. Chevrolat. Figure au catalogue de M. Grenier. Je l'ai prise sur les noisetiers des hauts plateaux de Beuil (voir la détermination à la fin du présent travail).

O. meridionalis. En hiver, au pied des oliviers.

O. parxillus. Dans la vallée du Boréon, en juin, sous des planches couvertes de rosée. — Rare.

O. pupillatus. A la Madone de Fenestres, sous les pierres.

O. scabrosus. Sans désignation de localité.

O. pubens. M'a été donné comme venant de Menton.

O. vitellus, hirticornis, et *scabripennis.* Pris par M. Gautier autour de Nice.

O. monticola. A Saint-Martin-de-Lantosque, en juillet, sous les pierres.

O. tomentosus. Au golfe Juan, en mai, sur des haies battues au parapluie.

O. niger, auropunctatus, unicolor, atroapterus,

(1) Monographie (Stierlin, Annales 1861, f° 159). Dégâts causés aux poiriers (Ronzet, Annales 1852).

rugifrons. Figurent au catalogue de M. Gautier comme venant des régions froides du département.

DICHOTRACHELUS (Stierlin)

D. Rudeni. N'est pas dans le catalogue Grenier. Je l'ai trouvé au pied des neiges, en mai, à la Madone.

LIXUS (Fabricius) (1)

Les différentes espèces de ce genre vivent sur les *Malvacéees*, les *Ombellifères*, les *Cynarocephalées*, les *Chenopodérées* et les *Poligonées*.

L. rufitarsis. Commune en juin, sur les chardons, à Menton, à Antibes, à Monaco et au Château de Nice.

L. bicolor. A Nice, en automne, dans les fossés. Selon MM. Aubé et Goureau (Annales 1866, fº 177) la larve vivrait aux dépens du *Senecio aquaticus* dont elle ronge la moelle, y creusant une galerie descendante qui aboutit jusqu'aux racines.

L. algirus et *angustatus*. Sur le bord des champs cultivés ; la larve que l'on trouve sur les fèves, vit aussi dans les tiges de l'*Altea rosea* (2).

L. paraplecticus. Au Var, sur les plantes des fossés. La larve vit dans le *Phellandrium aquaticum*.

L. Ascanii. Assez commun sous les pierres. La larve se nourrit aux dépens de la *Betta vulgaris*.

L. Myagri. Sans désignation de localité.

L. filiformis. Dans les fossés. La larve vit dans le *Carduus nutans*.

L. augusticollis. M'est venu de Menton.

L. ruficornis. Catalogue de M. Gautier.

L. Chevrolati. Catalogue de M. Tappes.

L. anguinus. Pris à Bouyon par M. l'abbé Clair.

(1) Monographie (Capiomont, Annales 1874, fº 469 à 506 ; 1875, fº 41 à 257, 274, 449). Matière pulvérulente des *Lixus* (Laboulbène, Annales de 1848), Godard (Annales 1851). En raison de cette matière pulvérulente, on doit piquer les *Lixes* vivants et les manier avec de grandes précautions.

(2) Dommages causés aux fèves par cet insecte (Passerini, Annales 1852. fº XLIX).

LARINUS (Germar) (1)

On trouve les insectes de ce genre sur les *Cynaro-cephalées*.

L. sturnus. Commun sur le *Carduus nutans*.

L. Jacæ. Sur le *Cirsium arvense*.

L. maculosus. Pas rare à Nice, en juin, au bord des chemins et dans les fossés.

L. Cardui, morio, ursus. Catalogue de M. Gautier.

RHINONCYLLUS (Germar) (2)

Même habitat que les *Larines*.

R. provincialis. A Cannes, près de la Croisette.

R. Olivieri. Assez commun dans les fossés du Var, sur le *Carduus nutans*.

R. latirostris. A Cannes et aux îles Sainte-Marguerite en juin. La larve vivrait sur la *Centaurea nigra* et dans les calathides du *Cirsium palustre*.

PISSODES (Germar)

P. notatus et *Pini.* On les prend, en battant au parapluie les pins du nord, à Saint-Martin-de-Lantosque.

MAGDALINUS (Schæn..)

Petits insectes, d'un noir bleuâtre, qui vivent aux dépens des *Rosacées* et des *Abiétinées*.

M. Cerasi. Commun un peu partout, sur les arbres à fruits en juin et juillet : M. Perris l'a obtenu de branches de pommiers, poiriers, aubépines, rosiers.

M. flavicornis. Je l'ai pris en juin, sur un pêcher au Mont-Vinaigrier.

M. rufus. Sans désignation de localité.

M. duplicatus et *barbicornis.* Recueillis en battant les haies et les pépinières, au Var.

M. carbonarius et *violaceus.* Sur les arbres à fruits, en juin, au Loup et sur les bords de la Siagne.

(1) Monographie (Capiomont ; Annales 1874, f° 49 et 283).
(2) Monographie (Capiomont : Annales 1872, f° 272).

DORYTOMUS (Germar)

D. vorax. Commun sous les écorces et sur les feuilles de peupliers.

D. costirostris et *tortrix.* Communs au Magnan, sur les haies de peupliers et d'ormes.

D. agnathus. Sur les coudriers, au Var.

D. majalis et *villosulus* (Hautes montagnes).

D. tomentosus. Sans désignation de localité.

ERIRHINUS (Schæn..)

Les *Erirhines* vivent sur le *Juncées*, les *Salicinées* et les *Papilionacées.*

E. scirrhosus. Dans les fossés du Var, en juin.

NOTARIS (Germar)

N. acridulus et *Scirpi.* Sur les herbes des fossés du Var et d'Antibes, et sous les pierres.

GRYPIDIUS (Schæn..)

G. Equiseti. Au Var, sur les *Equisetums.*

G. brunnirostris. Pris à Nice par M. Tappes.

HYDRONOMUS (Schæn..)

H. Alismatis. Dans les inondations du Var, en avril.

BRACHONYX (Schæn..)

B. indigena. Sur les pins, à Berthemont.

ANTHONOMUS (Germar) (1)

On trouve les *Anthonomes* sur les *Ulmacées* et les *Rosacées ;* selon M. Perris, les larves vivent dans les boutons des fleurs.

A. pubescens. Dans la forêt de Salèses, sur les pins.

(1) Desbrochers des Loges (Annales 1868, f° 331 et 409 ; Annales 1872. f° 413).

A. Rubi. Sur les roses et les églantiers, en juin.
A. Pomorum. Sur le *Cratægus oxiacantha.*
A. Ulmi. Sans désignation de localité.
A. avarus. Dans nos montagnes, sur les haies.
A. pedicularius. Au printemps, sur les haies.

BALANINUS (Germar) (1)

Ils vivent sur les *Rosacées* et les *Amentacées.*
B. Elephas. Assez commun sur le chêne vert.
B. pellitus. Pris sur les chênes et les hêtres.
B. Glandium et *villosulus.* Sur les chênes.
B. Cerasorum. Recueilli sur les haies, au printemps.
La larve vivrait dans les noyaux du *Prunus spinosa.*
B. crux. Commun sur le saule-marceau.
B. ochreatus. A été pris à Menton.
B. Brassicæ. Trouvé dans les inondations du Var.
B. pyrrhoceras. La larve vivrait dans les galles du chêne.
B. nucum. Localité inconnue.

CORRYSSOMERUS (Schæn..)

C. capucinus. Trouvé dans les fossés de la route de Turin. La larve vit dans l'*Achillea millefolium.*

LIGNIODES (Schæn..)

L. enucleator. Dans les inondations du Var.

ELLESCHUS (Schæn..)

E. scanicus. Dans les bois du Var, en mai.

TYCHIUS (Germar) (2)

On prend les *Tychies* sur les *Cistinées* et les *Papilionacées.*
T. sparsutus. Pas rare, en mai, sur le genêt à balai. *Sarothamnus scoparius.*

---

(1) Desbrochers des Loges (Annales 1873. fº 449).
(2) Monographie (Tournier, Annales 1873, fº 449).

T. hæmatocephalus. A la Madone de Fenestres.
T. striatellus. A Berthemont, dans les prés.
T. venustus. A Gilette, en battant des genêts.
T. suturalis. Pris à Clans et à Marie, en 1878 (juin).
T. flavicollis. Au Var. M. Perris a trouvé sa larve dans le *Lotus corniculatus.*
T. junceus. Dans les bois de Sospel.
T. Meliloti. Au bois du Var ; M. Perris a étudié la larve qui se développe dans des galles provoquées sur la nervure médiate des feuilles du *Melilotus macrorhiza* par une piqûre que fait la femelle dans le but d'y déposer son œuf (Annales 1873, f° 67).
T. Schneideri et *pumillus.* Rares autour de Nice.
T. polylineatus. J'ai pris souvent ce joli petit insecte, à Berthemont dans les prairies un peu sèches.
T. tomentosus. Dans les prés, en mai.
T. longicollis. Pris à Nice par M. de Baran.
T. funicularis. Aux îles Sainte-Marguerite.

BARYTYCHIUS (Jekel)

B. squamosus. Trouvé à Nice par M. Tappes.

MICCOTROGUS (Schæn..)

M. cuprifer. Dans les bois, au printemps.
M. picirostris. Dans le *Glaucium luteum.*

SMICRONYX (Schæn..)

S. variegatus. Dans les prairies du Var, en mai.
S. Reichei. Dans la cavité du *Glaucium luteum.*

SIBINES (Schæn..)

Les *Sibines* se trouvent sur les *Silenées.*
S. canus. Pris à Berthemont et à la Bollène.
S. primitus. Autour de Nice, au printemps.
S. sublineatus. A la Croisette et aux îles Sainte-Marguerite, dans les prairies, en juin.
S. attalicus. Sans désignation de localité.

ACALYPTUS (Schæn..)

A. rufipennis. En mai, dans les prairies de Nice.

PHYTOBIUS (Schæn..)

Ce genre vit sur les *Poligonées.*
P. Comari et *notula.* Sur les plantes, dans les ruis-
seaux. La larve vit sur le *Lythrum salicaria.*
P. 4-tuberculatus. Inondations du Var.

ANOPLUS (Schüppel)

A. Plantaris. Dans les prés du Var.

ORCHESTES (Illiger) (1)

Ils vivent sur les chênes, peupliers, saules, ormes,
aulnes, oliviers et caroubiers.
O. Quercus. Au Vinaigrier, sur le chêne et l'alizier.
O. Populi. Commun sur les saules, en juin.
O. pratensis. A Carras, sur les pousses d'oliviers.
O. signifer. En mai, sur les pousses de chêne.
O. Salicis et *stigma.* Sur le saule-marceau.
O. ramphoides et *cinereus.* A Marie et à Clans.
O. Alni. Commun sur les aulnes, au printemps.
O. irroratus. Sur le *Quercus suber* (chêne-liège).
O. scutellaris et *decoratus.* Catalogue de M. Tappes.

STYPHLUS (Schæn.,.)

S. setiger. A la Madone, dans les vallons.

BARIDIUS (Schæn..) (2)

Les *Baridies* vivent sur les *Crucifères* et les *Résé-
dacées* (larves apodes).
B. T.-album. Commun, au Var, dans les fossés.

---

(1) Monographie (Brisout de Barneville, Annales 1865, f° 253). Les larves sont
mineuses, l'insecte parfait est sauteur comme les *Altises.*
(2) Brisout de Barneville (Annales 1870, f° 31).

B. clorizans. Sur les *Crucifères*, en mai.

B. cærulescens. Sur les colzas et les choux, en mai.

B. picinus. Sur l'*Erysimum lanceolatum*.

B. morio. Sur le *Reseda luteola*, en juin.

B. Artemisiæ. Sur l'*Artemisia vulgaris*.

B. opiparis. La larve vit dans le *Sinapis incana*.

B. Lepidii. Dans les marais du Var. La larve vit sur le *Nasturtium sylvestre*.

B. niteus. Catalogue de M. Gautier.

B. quadricollis. Au Var, sur le *Sinapis nigra*.

OROBITIS (Germar)

O. cyaneus. Dans les bois, sur la *Viola canina*.

CRYPTORHYNCHUS (Illiger) (1)

Les *Cryptorhinques* vivent dans les tiges des *Amentacées* (saule, peuplier).

C. Lapathi. Sur les pousses de peupliers. La larve cause des dégâts dans les plantations de *Populus alba*, en rongeant l'intérieur des jeunes branches qui sont alors facilement brisées par le vent ; c'est à tort que l'on a dit que cette larve vivait sur le *Rumex nemolapathum*.

ACALLES (Schœn..) (2)

A. Aubei. A Moulinet, en juin, sur les pins.

A. variegatus et *turbatus*. En février, sous les écorces de platanes.

A. abstersus. Sur les sapins, en juin.

A. Navieresi. Au Var, dans les bois morts.

A. parvulus. Pris à Nice par M. Tappes.

A. Peragalloi. Cet insecte, pris à Menton, sous les écorces, m'a été dédié par M. Chevrolat et figure dans le catalogue de M. Grenier et dans celui de M. de Marseul (1863); sa nouveauté a été contestée depuis, par M. Brisout de Barneville qui ne le mentionne pas

(1) Larves du *Lapathi* dévorant des pépinières de peupliers (colonel Gouraud, Annales 1867, f° LXXXV).

(2) Brisout de Barneville (Annales 1867, f° 57).

dans sa nomenclature des *Acalles* publiée en 1867 [1], serait-ce simplement une variété du *variegatus* ?

MONONYCHUS (Germar)

Ces insectes habitent les *Iridées*.
M. Pseudacori. Pas rare sur l'*Iris pseudo-acorus.*
M. Salviœ. Variété du précédent, peut-être ?

CÆLIODES (Schœn...)

Les *Cæliodes* vivent dans les *Géraniées*, les *Labiées* et les *Urticées.*
C. fuliginosus. Au printemps, au Var.
C. Quercus. Sur les pousses de chênes, en mai.
C. quadrimaculatus. Sur l'*Urtica dioica*, en mai. La larve vit en mineuse dans les racines.
C. exiguus. En juin sur le *Geranium sanguineum.*

RHYTIDOSOMUS (Schœn...)

R. globulus. Pas rare, en été, dans les bois humides.

CEUTORYNCHIDIUS (Jacquelin du Val)

Les larves des *Ceutorynchides* vivent aux dépens des *Crucifères*, des *Labiées*, des *Papaveracées*, des *Ericinées* et des *Urticées.*
C. melanarius. Dans les marais du Var et d'Antibes; la larve vit dans les siliques du cresson.
C. terminatus. Dans les lieux humides, en juin.
C. pyrrorhynchus. Catalogue de M. Tappes.
C. troglodites. Au golfe Juan, en mai, dans les prés.
C. floralis. Sur l'*Erysimum lanceolatum.*
C. apicalis. Dans les fossés d'Antibes et du Var.

CEUTORHYNCHUS (Schœn...)

C. trimaculatus. En mai, au Mont-Boron et à Mo-. naco sur le *Carduus tenuiflorus.*
C. campestris. Sur le *Chrysanthemum leucanthemum.*

---

(1) Voir cependant la détermination de M. Chevrolat, à la fin du présent travail.

C. rectirostris et *verrucatus*. En décembre 1876, dans la cavité centrale du *Glaucium luteum*.

C. assimilis. Assez commun sur les choux.

C. Andreæ. En mai, au golfe Juan, dans les prairies.

C. Erysimi. Sur l'*Erysimum lanceolatum*.

C. contractus. Au Var, sur le *Synapis canina*.

C. Ericæ. A l'Estérel sur l'*Erica arborea*.

C. crucifer. Sur le *Cynoglosum officinale*.

C. fulvitarsis. Au Var. M. Perris dit que la larve se nourrit sur le navet.

C. hirtulus. En mai, dans les prairies du golfe Juan.

C. asperifoliarum, *marginatus* et *campestris*. A la Napoule.

C. alboscutellatus, *chalibæus* et *Napi* (M. Gautier).

RHINONCHUS (Schœn..)

R. inconspectus. Champ de courses du Var.

R. pericarpius. Pas rare, en mai, au bord du Var.

R. castor. Catalogue de M. Tappes.

POOPHAGUS (Schœn...)

P. Sisymbrii et *Nasturtii*. Dans les fossés où pousse le cresson.

ACENTRUS (Schœn..)

A. histrio. Ce joli *Curculionide*, essentiellement méridional, est très abondant, presque en toute saison, au bord de la mer sur le *Glaucium luteum* et pas ailleurs. La larve vit dans le collet et dans la racine pivotante d'un rouge jaune de cette plante fort commune sur les galets du Var, de Menton, d'Antibes et même dans le lit du Paillon, à Drap et à Saint-André.

BAGOUS (Germar) (1)

Les *Bagous* se trouvent dans les mares, les étangs desséchés, au bord des fleuves, au pied des plantes aquatiques et des roseaux.

(1) Monographie (Brisout de Barneville, Annales 1863, f° 491.)

B. lululentus et *lutosus*. Inondations du Var.

B. biimpressus. Prise à la Napoule en juin, elle vivrait sur le *Ranunculus trychophyllus*.

CIONUS (Clairville) (1)

Les *Ciones* se nourrissent des feuilles des *Verbascées* et des *Scrophulariées*.

Au moment de se transformer en nymphes, les larves construisent une coque transparente qui reste attachée aux plantes sur lesquelles elles ont vécu.

L'insecte sort en découpant avec son rostre une calotte régulière.

C. Schaenherii. Sur la *Scrophularia canina*.

C. Blattariæ. Pas rare sur la *Scrophularia lucida*.

C. hortulanus et *Olivieri*. Commun sur les *Scrophulariées*.

C. Fraxini. Au Fabron sur les jeunes pousses d'oliviers.

C. Verbasci. Nice, catalogue de M. Gautier.

C. Tolonensis. Doit se trouver aux environs de Nice, sur les bords de la mer.

NANOPHYES (Schæn..)

Les *Nanophies* vivent sur les *Lythracées*, lès *Tamaricinées*, les *Crassulacées*.

N. Tamarisci. Commun sur le *Tamaryx gallica*.

N. transversus. A Gilette, sur les genévriers.

N. Lythri. Sur le *Lythrum salicaria*, en mai.

N. hemisphæricus. La larve vit sur le *Lythrum hyssopifolia*.

N. pallidulus. Nice, catalogue de M. Gautier.

GYMNETRON (Schæn..) (2)

Les larves des *Gymnetrons* vivent sur les *Campanulacées* les *Verbascées* et *Scrophulariées*.

(1) Perris (Annales 1849).

Peragallo (Le *Cionus Fraxini* attaquant les oliviers, Annales 1866, f° xLV) Voir à la fin du présent travail).

(2) Monographie (Brisout de Barneville, Annales 1862, f° 625).

G. latiusculus. A Berthemont sur le *Plantago psillium.*

G. Beccabungæ. Var. *Veronicæ*, dans les endroits humides, sur la *Veronica Beccabunga.*

C. spilotus. En juin, sur la *Scrophularia canina.*

G. Campanulæ. Sur la *Campanula rotundifolia.*

G. plantarum. Pris en fauchant, au Var.

G. Linariæ. Sur la *Linaria striata.*

G. pascuorum. Var. *bicolor*, au Var.

G. longirostris. Figure au catalogue de M. Gautier.

G. villosulus. La larve vivrait sur la *Veronica Anagallis.*

G. micros et *noctis.* Insectes des montagnes.

G. labilis. Selon M. Jacquelin du Val, la larve attaquerait le *Plantago lanceolata.*

G. teter. Autour de Nice, sur les *Verbascum.*

MECINUS (Germar)

Ce genre vit principalement sur les *Plantaginées.*

M. circulatus. A Berthemont, sur le *Plantago psillium.*

M. collaris. A Levens, sur le *Plantago major.*

M. pyraster. La larve vit sur le *Plantago lanceolata.*

SPHENOPHORUS (Schæn..)

S. abbreviatus. Au bord de la mer, sur les excréments.

S. mutilatus. Sans désignation précise de localité.

S. piceus. Catalogue de M. Gautier.

CALANDRA (Clairville) (1)

Les larves de ce genre habitent les graines de certaines *Graminées.*

C. granaria. Dans les magasins de blé.

C. Oryzæ. Dans les magasins de blé et de riz.

_____

(1) Dégâts causés à des maïs par la *Calandra Oryzæ* (Lucas, Annales, 1846).

COSSONUS (Clairville)

Les *Cossones*, les *Rhyncoles* et les *Phlæophages* se transforment dans le bois des *Amentacées* et des *Abiétinées*.

C. cylindricus et *ferrugineus*. Sur les troncs abattus des saules.

RHYNCOLUS (Creutzer)

R. punctatulus. Sur les bois pourris.

R. truncorum et *cylindrirostris*. Sur les arbres abattus.

R. porcatus. Sans indication de localité.

PHLÆOPHAGUS (Schœn..)

P. spadix. Figure au catalogue de M. Gautier.

COTASTER (Motsch)

C. esculptus. Sous les algues, aux îles Sainte-Marguerite.

XYLOPHAGI

Les *Xylophagiens* sont des destructeurs qu'on ne peut trop combattre. On a vu les ormes des Champs-Élysées, les arbres des forêts de Saint-Cloud, de Meudon, de Vincennes, compromis dans leur existence, par ces *Coléoptères*.

Les tentatives de guérison de ces arbres par la décortication ont mis en lumière un naturaliste, M. Robert.

Dans nos contrées l'invasion du *Phlæotribus Oleæ* a fait manquer plus d'une récolte d'olives.

Les *Xylophagiens* sont donc un véritable fléau et, cependant, loin de les combattre avec intelligence et ténacité, nous les protégeons en laissant toute liberté à la destruction des oiseaux.

HYLASTES (Erichson)

H. angustatus. A Moulinet, sur les pins.

H. opacus. Au golfe Juan, dans les prairies.

H. Trifolii. Commun dans les bois du Var.

HYLURGUS (Latreille)

H. minor. Sur les pins morts, à la Maïris.

HYLESINUS (Fabricius)

H. Fraxini. Dans les excroissances des oliviers.
H. vittatus. Dans les chantiers de bois à brûler.
H. Aubei. Pris par M. l'abbé Clair, à Cannes.

PHLÆOTRIBUS (Latreille)

P. Oleæ. Cet insecte est très nuisible aux oliviers ; son histoire, les dommages qu'il cause, les moyens de le détruire ont fait de la part de M. Martinenc, de Grasse, l'objet de mémoires utiles à consulter. Il est démontré : 1° que l'insecte parfait attaque et fait tomber les jeunes pousses ; 2° que la femelle dépose de préférence ses œufs dans les petites branches du bois coupé ; le seul moyen de détruire en grande partie, le *Plæotribus* consisterait donc à laisser, pendant quelques jours, en tas, dans les champs, les branches d'oliviers provenant des élagages et à les brûler ensuite lorsque les femelles y ont déposé leurs œufs ; mais si on abandonne trop longtemps dans les champs ces nids d'infection, ou si on les conserve pour l'hiver, l'éclosion a lieu, et la récolte suivante peut être gravement compromisè.

SCOLYTUS (Geoffroy) (1)

S. intricatus. Pas rare dans les bûchers.
S. destructor et *pigmæus.* Sur les arbres malades ou morts.

CRYPTURGUS (Erichson)

C. cinereus. Sans désignation de localité.

(1) Procédé de M. Robert (Annales, 1845). M. Feichamel et les arbres de Vincennes (Annales 1836).
M. Robert (Annales 1868, f° XCV). Amandiers attaqués (Guérin de Menneville, 1817)
Dégâts causés aux chênes (Lefèvre, Annales 1847).
Dégâts aux pommiers (Goureau, Annales 1852).
Dégâts à la forêt de Meudon (Pierret, Annales 1852).

CRYPHALUS (Erichson)

C. Tiliæ. Dans un chantier, à Saint-Isidore.

BOSTRICHUS (Fabricius)

B. dyographus, bispinus, monographus et *dispar.*
Pas rares sur les bois coupés, et le soir sur les barrières.

HYPOBORUS (Erichson)

H. Ficus. Pris à Cannes, dans un figuier, par M. Laboulbène [1].

PLATYPUS (Herbst)

P. cylindrus. Sur le chêne, dans les scieries.

CERAMBYCIDÆ [2]

La famille des *Cérambycides* ou *Longicornes* est une des plus intéressantes subdivisions des *Coléoptères*. Les espèces exotiques, surtout, sont très remarquables par leur taille, la variété et la richesse de leur robe. La larve vit ordinairement dans l'intérieur des arbres sur pied auxquels elle cause de véritables dommages ; c'est là que s'opèrent le plus généralement, ses dernières transformations. Elle travaille aussi à la destruction des arbres morts, des charpentes et bois divers de nos appartements. L'insecte parfait, doué presque toujours d'un vol rapide, accomplit la dernière partie de son existence sur les arbres et les plantes en fleurs.

Certains *Longicornes* n'ont pas d'ailes membraneuses, d'autres ont des étuis très courts ; il en est qui sont nocturnes, il en est aussi qui opèrent leurs tranformations en terre. Le mâle se reconnaît le plus souvent à

[1] On doit prendre aussi l'*H. Mori* dans le mûrier blanc malade et l'*H. Genistæ* dans la *Genista horrida.*
[2] Monographie (Mulsant, 1840, 1863).

ses antennes, beaucoup plus longues que celles de la femelle ; cette dernière, munie d'un oviducte, a la vie
beaucoup plus longue que les mâles qui meurent, le
plus souvent, après l'accouplement.

SPONDYLIS (Fabricius)

S. buprestoides. Assez commun autour des scieries.

ERGATES (Linné) (1)

E. faber. En allant de l'Escarène au col de Braus
par la forêt, en août, j'ai recueilli dans des souches de
pins, un grand nombre de larves et de nymphes d'*Er-
gates faber* que j'ai facilement élevées. J'ai trouvé aussi
plusieurs fois l'insecte parfait dans les scieries.

ÆGOSOMA (Serville)

Æ. scabricorne. On m'a donné comme venant de
Villars, ce *Longicorne* si commun sur les tilleuls, dans
l'intérieur de la France.

PRIONUS (Geoffroy)

P. coriarius. A Pierrefeu, sur les gros chênes.

CERAMBYX (Linné)

C. heros. Insecte nocturne que l'on rencontre sur
les gros chênes, dans nos montagnes.
C. miles. Moins commun : pris à Pierrefeu.
C. cerdo. Commun sur les aubépines en fleurs et
sur les roses [2].
C. velutinus. On doit trouver sur les chênes, ce
Cerambyx essentiellement méridional.

PURPURICENUS (Serville)

P. Kæhleri. Ce joli *Longicorne*, aux varietés si
tranchées, n'est pas commun dans nos contrées ; il

---

(1) Métamorphoses de cet insecte (Lucas, Annales 1844, f° 169).
(2) Le *cerdo* attaquant les pommiers (Mocquerys, Annales 1855).

faut le chercher dans les vignes sur les *Ombellifères*. La larve doit vivre aux dépens des cerisiers.

AROMIA (Serville)

A. moschata. Rare ; sur les saules, à Levens. Son odeur de musc la trahit.

RHOPALOPUS (Mulsant)

R. clavipes. A Saint-Roch, à Monte-Carlo et au Magnan, sur les oliviers et les ormes.
R. femoratus. Au printemps, sur les échalas, dans les vignes du Gairaut.

CALLIDIUM (Fabricius)

C. violaceum. Dans les forêts, sur les troncs de sapins abattus.
C. dilatatum. Je l'ai pris en juillet, en battant des sapins à la Maïris.
C. sanguineum. Commun dans nos bûchers et dans nos maisons, au mois d'avril [1].
C. unifasciatum. Trouvé à Saint-Isidore, sur la vigne sauvage.
C. Alni. Sur les échalas, dans les vignes.

PHYMATODES (Mulsant)

P. variabilis. Partout, même dans nos maisons; doit provenir des bûchers et des boiseries.
P. melancholicus. Sur les cercles de tonneaux.

SEMANOTUS (Mulsant)

S. undatus. Insecte nocturne et rare.

HYLOTRUPES (Serville)

H. bagulus. J'ai adressé en 1853 à l'administration des Télégraphes une note sur cet insecte, qui, en grand

[1] Étude sur le *Callidium sanguineum* (Goureau, Annales 1843, f. 99). Ses métamorphoses (Desmarets. Annales 1843, f. XXI).

nombre, perforait les poteaux de la route de Turin. Il a été trouvé dernièrement à Bercy, sur les poteaux servant à supporter des lanternes [1].

Les tarses du *bajulus* se détachent facilement.

DRYMOCHARES (Mulsant) [2]

D. Truquii. Ce *Coléoptère* très remarquable et excessivement rare, a été pris depuis 1860, à deux reprises dans les hautes forêts du comté de Nice. Je crois qu'à ce moment on ne connaissait que l'un des deux sexes. Il faut, selon M. le chevalier Baudi de Selve, de Turin, chercher le *Drymochares* dans les régions froides, sur les noisetiers, aux dépens desquels vivrait la larve. C'est au pied d'un de ces arbres en effet, qu'à été trouvé le premier sujet qui a servi à la détermination de M. Mulsant.

CRIOMORPHUS (Mulsant)

C. castaneus. Trouvé à Nice dans un chantier.

ASEMUM (Eschs...)

A. striatum. Sur les pins morts, à Belvédère.

CRIOCEPHALUS (Mulsant)

C. rusticus. Insecte nocturne que j'ai trouvé plusieurs fois à Nice, sur l'appui de mes fenêtres.

STOMATIUM (Sérville)

S. strepens. Dans un chantier de bois de construction.

HESPEROPHANES (Mulsant)

H. nebulosus, ou *sericeus ?* Trouvé plusieurs fois sur des arbres morts et dans les maisons.

---

[1] Le *bajulus* trouvé à Bercy (Lucas, Annales, 1875, f. CXXXVII).
[2] Truqui (Italie 1847).

CLYTUS (Fabricius)

C. Arietis. Dans nos jardins, sur les fleurs.

C. trifasciatus. Belles variétés dans les vignes de Contes, en mai, sur les *Ombellifères.*

C. floralis. Sans désignation de localité. La larve vivrait, dit-on, dans l'*Euphorbia Gerardiana.*

C. arvicola. Sur les *Ombellifères*; à Cannes, à Antibes et à l'Estérel. — Assez rare.

C. Verbasci. Mêmes localités, plus commun.

C. massiliensis. Dans les vignes du Gairaut.

C. mysticus. Au Villars et à Puget-Théniers, sur les *Ombellifères.*

C. gibbosus. Trouvé à Bouillon, par M. l'abbé Clair.

C. 4-punctatus. Commun partout; sort des boiseries.

C. liciatus. Au Magnan, sur un peuplier mort.

CARTALLUM (Latreille)

C. ebulinum. A Monaco, en juin, sur l'*Alyssum maritimum*; au golfe Juan, en mai, sur des *Convolvulus* rampants.

OBRIUM (Latreille)

O. brunneum. Pas rare à la Madone de Fenestres.

DEILUS (Serville)

D. fugax. En mai, sur les genêts épineux.

GRACILIA (Serville)

G. pygmæa. Sur les vieux paniers, dans les greniers.

MOLORCHUS (Fabricius)

M. Umbellatorum. Sur les échalas, en juin.

M. Keisenwetteri. En juin, sur les *Ombellifères*, à Saint-Martin-de-Lantosque.

STENOPTERUS (Olivier)

S. præustus. Commun, surtout la variété noire, sur les ronces et les *Ombellifères.*

S. rufus. Plus rare, dans les mêmes conditions.

PARMENA (Latreille)

P. fasciata. Sur les lierres et les mûriers.

P. unifasciata. Prise par M. Tappes sur un olivier mort.

DORCADION (Dalmann.)

Le Département n'est pas riche en *Dorcadions.*

D. meridionale. Rare au printemps, sur les coteaux de Nice.

D. molitor. Localité inconnue.

MORIMUS (Serville)

M. lugubris. Au pied des mûriers, à Cagnes.

M. tristis. Plus commun, au pied des figuiers.

M. funestus. Pris par M. Gautier, au pied du *Cupressus sempervirens.*

LAMIA (Fabricius)

L. textor. Au pied des mûriers et peupliers.

MONOHAMUS (Serville)

M. sartor et *sutor.* Sur les branches des sapins morts.

M. galloprovincialis. Dans les chantiers, selon M. Teisseire.

ACANTHODERES (Redten...)

A. varius. M. le docteur Grandvilliers l'a trouvé au Magnan, sur un peuplier abattu.

ASTYONOMUS (Redten..)

A. ædilis. A Beuil, sur les sapins morts.

LEIOPUS (Serville)

L. nebulosus. Sur les pins et sapins, à Moulinet.

EXOCENTRUS (Mulsant)

E. balteatus et *adspersus*. Sur les échalas, en mars et avril.

POGONOCHERUS (Serville)

P. ovalis. Pris en battant au parapluie, les branches mortes de sapin.

P. hispidus. A la forêt de Clans, sur les sapins morts.

P. fascicularis. Dans les mêmes conditions que l'*ovalis*.

P. pilosus. Sur un figuier, à Cannes, en mai.

On doit trouver aussi le *Peroudi* qui a pour origine Draguignan [1].

BLABINOTUS (Mulsant)

B. Troberti. Un individu en mauvais état trouvé par M. l'abbé Clair, à Cannes.

MESOSA (Serville)

M. nubila et curculionoides. Au Var, sur un peuplier mort.

NIPHONA (Mulsant)

N. picticornis. Cet insecte, essentiellement méridional, n'est pas rare sur les lentisques parvenus à l'état d'arbre ; c'est en battant les branches au parapluie que j'ai pris ce *Longicorne*, en mai, au golfe Juan, en juin, à Beaulieu, à Monaco et à Saint-Jean, toujours dans les mêmes conditions. M. le docteur Grandvilliers l'a rencontré dans un échalas qui devait évidemment être formé d'une branche de lentisque. C'est sur cet arbre que vit aussi le *Cryptocephalus Mariæ* ou *signatus*

---

(1) En effet, le *Peroudi* a été pris à Cannes par M. l'abbé Clair en battant les haies au parapluie. — Assez rare.

qu'on prend également sur le genévrier. J'ai pris aussi la *Niphona*, en 1878, au vallon de Magnan en battant les ormes et les micoucouliers, mais il y avait d'assez nombreux buissons de lentisques dans le voisinage.

M. l'abbé Clair l'a capturée en grand nombre, aux îles Sainte-Marguerite.

ANÆSTETHIS (Mulsant)

A. testacea. Trouvée dans les régions froides.

AGAPANTHIA (Serville)

A. Asphodeli. Pas rare en juin, sur l'asphodèle.
A. suturalis. En juin, dans la forêt de Moulinet.
A. cærulea. Au champ de course, sous des aulnes.
A. angusticollis. M. Rouget dit que sa larve vit dans l'*Heracleum spondylium*; elle a été signalée aussi comme vivant aux dépens du *Senecio aquaticus* et du *Carduus nutans*; enfin, j'ai pris au Ferrisson et aux trois lacs sur l'*Aconitum napellus* une *Agapanthia* qui, d'après les observations de M. Perris, serait l'*angusticollis*.
A. irrorata. J'ai rencontré ce joli *Coléoptère*, en mai, à l'Estérel, à la Napoule, à la pointe Saint-Hospice et à celle d'Antibes, sur de petits chardons violets; je l'ai trouvé aussi sur le *Verbascum thapsus*.

CALAMOBIUS (Guérin) (1)

C. marginellus. Ce petit *Longicorne*, si variable de taille et si délicat de formes, n'était pas rare en juin 1877, à la Napoule et surtout au golfe Juan, avec l'*Agapanthia irrorata*.

SAPERDA (Fabricius)

S. carcharias. Au Var, sur les pousses de peupliers (mai).
S. populnea. A Berthemont, sur les jeunes trembles.
S. punctata. Au Magnan (Nice), sur les ormes.

(1) Mœurs de ce *Longicorne* (Guérin Menneville, Annales 1845, fⁿ 66).

La larve de cette *Saperde* a causé en 1867 des dommages réels aux ormes de la rive droite du Paillon, à Saint-Pons ; les arbres de ce quai étaient perforés sur presque toute l'étendue de leur tronc, à partir de un mètre du sol. Plusieurs insectes parfaits apparaissaient à l'orifice de leur trou, morts, la tête piquée par un grand *Hyménoptère*.

POLYOPSIA (Mulsant)

P. præusta. Sur les pruniers et les prunelliers.

P. gilvipes. Espèce nouvelle pour la Faune française ; je l'ai prise à Berthemont et à Moulinet, sur ceux des reineglaudiers, qui touchent à la dernière limite des terrains cultivés de la montagne.

STENOSTOLA (Redten...)

S. nigripes. Sur les noisetiers du Magnan (Nice).

OBEREA (Mulsant)

O. oculata. Sur les osiers, à Antibes.

O. pupillata. Dans les bois, sur le chèvrefeuille [1].

O. linearis. Sous les feuilles des noisetiers, en juin.

O. erythrocephala. Au Var sur l'*Euphorbia Gerardiana*.

PHYTÆCIA (Mulsant)

P. lineola. Au Var, dans les prés ; la larve vit sur sur l'*Achilæa millefolium*.

P. ephipium. Au Var et au golfe Juan, dans les prairies.

P. affinis. Pas rare, à Venanson.

P. virescens. Commune partout sur l'*Echium vulgare* (bleu ou blanc).

P. virgula. Prise par M. l'abbé Clair, à Bouillon.

VESPERUS (Latreille)

V. strepens. Ce bel insecte nocturne n'est commun nulle part, mais on le prend cependant un peu partout.

---

(1) M. Rouget la prenait communément à Dijon sur un *Lonicero caprifolium* de son jardin. Voir (Annales 1866, f° 174), un travail de M. le colonel Goureau.

M. Linder et moi, avons trouvé des femelles noyées
dans les bassins du Mont-Boron, ou dans des détritus
au pied des châtaigniers de Moulinet ; M. le docteur
Grandvilliers a capturé un mâle à Moulinet, j'en ai
trouvé un à l'Aution, un autre au Ferrisson, plusieurs
dans des creux d'oliviers, à Nice et à Monaco. Les
transformations s'accomplissent en terre [1].

V. *Xatartii.* Ce *Longicorne,* plus petit que le précédent, doit se rencontrer dans les parties vignobles du
département ; il y aurait même un intérêt sérieux à s'en
assurer, car la larve de ce *Coléoptère* est très nuisible
aux vignes dans les Pyrénées orientales ; cette larve
paraît avoir les mœurs de celles des *Rhizotrogus mar-
ginipes* et *æstivus,* c'est-à-dire qu'elle vit en terre au
détriment des racines de la vigne, sans doute ; la femelle fécondée dépose ses œufs sous diverses écorces,
sur les ronces ; la larve qui en nait se laisse tomber et
se transforme en terre comme nous venons de le dire.

Un travail fort instructif fait par M. Paul Olivier,
pharmacien à Collioure, fixe définitivement la biologie
de cet insecte si nuisible.

Les œufs seraient déposés par la femelle en terre
et sous les écorces de vignes, où ils sont accolés en
plaques arborisées.

La larve éclôt dans la première quinzaine d'avril, et
reste trois ans et demi avant d'arriver à l'état d'insecte parfait. Elle ne mange ni pendant les fortes chaleurs ni par les froids intenses ; à la troisième année
écoulée et après le printemps, cette larve s'enfonce profondément en terre et se façonne une coque lisse et arrondie où elle se transforme en nymphe. L'insecte
parfait apparaît en décembre, pour les mâles, et en jan-

[1] Au moment de publier ce travail je reçois de M. l'abbé Clair communica-
tion d'un fait excessivement remarquable.

« A la suite des grandes pluies de novembre 1878, les eaux grossies du canal
dérivé de la Siagne, près Cannes, entraînaient des *Vesperus* des deux sexes, des
femelles surtout, par milliers » dit mon correspondant ; il est donc démontré que
ce *Longicorne* est très commun dans certaines localités, qu'il accomplit ses transformations en terre, et qu'l éclôt au commencement de l'hiver. Il sera intéressant de rechercher d'où ont pu venir ces masses de *Vesperus* et si les larves n'a-
vaient pas vécu dans des terrains plantés en vignes. Les dégâts causés aux vignobles des Pyrénées orientales par une espèce du même genre le *Xatartii,*
nous font un devoir d'étudier sérieusement la question.

vier pour les femelles, il se tient caché pendant le jour au pied des souches.

Les localités des Pyrénées orientales les plus attaquées par le *Vesperus Xatartii*, sont, Collioure, Banyuls et Port-Vendres [I].

V. luridus. Aurait été trouvé à Nice par M. Teisseire.

RHAGIUM (Fabricius)

R. mordax, inquisitor, indagator et *bifasciatum*. Dans les scieries de nos hautes montagnes, sur les troncs coupés et non écorcés.

TOXOTUS (Serville)

T. meridianus. Dans les grandes forêts, sur les sapins et sur les *Ombellifères*.

PACHYTA (Serville)

P. 4.-maculata. Sur les *Ombellifères* des hautes forêts.

P. virginea variété *nupta*. Mêmes conditions.

P. collaris. Sur les haies, autour de Nice.

P. clathrata. Sur les noisetiers de Notre-Dame-de-Fenestres, en mai.

P. interrogationis. Un peu partout, dans la montagne.

STRANGALIA (Serville)

S. armata. Sur les fleurs, en juin.

S. revestita. Dans différentes localités, mais rare.

S. bifasciata. Commune sur les ronces, en juin.

S. 4.-fasciata. En juin, dans la forêt du Boréon et sur les saules-marceau.

S. nigra. Sur les *Ombellifères* des forêts.

---

(1) Walchnaer (Insectes nuisibles à la vigne, Annales 1835, f° 687; 1836, f° 219).
Annales 1874; f° xxiii et 1875, f° cxx.
Serville (Annales 1835, f° 204).
Jacquelin du Val (Annales 1850, f° 347).
Laboi Ibène (Annales 1850, f° xxxix).
Mulsant (Description de la femelle. Opuscule 2 cahier 1853. f° 124).
Lichtenstein et Mayet (Annales 1873. f° 117).

LEPTURA (Linné)

L. tomentosa. Sur les *Ombellifères* des régions froides.

L. maculicornis. A Berthemont, en juin, sur les ronces.

L. cincta. Sur le *Sambucus ebulus* (yèble).

L. sanguinolenta. Dans les scieries.

L. hastata. Sur les chardons. — Pas commune.

L. unipunctata et *lurida.* Sur les *Ombellifères* des forêts.

L. testacea. A Clans, sur les arbres abattus.

L. rufipennis. A Saint-Sauveur, sur les *Ombellifères.*

ANOPLODERA (Mulsant)

A. 6-guttata. A la Madone de Fenestres, en juin, sur les saules-marceau.

A. rufipes. A Puget-Théniers, sur les ronces.

A. lurida. Rapporté des hauts plateaux.

GRAMMOPTERA (Serville)

G. lævis et *ruficornis.* Sur les *Ombellifères*, au Var et au Suquet.

G. præusta. Sur les haies en fleurs, à l'Estérel.

CHRYSOMELINÆ (1)

La famille des *Chrysomelines* est l'une des plus nuisibles à l'agriculture ; non-seulement les larves vivent aux dépens des végétaux, mais encore l'insecte parfait s'en nourrit et occasionne parfois la perte des récoltes. On a vu, en Bourgogne, les vignes fortement endommagées par le *Dromius vitis* ou *Ecrivain* et dans l'Albigeois les prairies artificielles perdues par l'invasion du *Colaphus ater* ; on nous menace aujourd'hui d'une autre *Chrysomeline*, la *Doryphora decemlineata*, arrivant d'Amérique par l'Allemagne pour dé-

(1) Monographie (Lacordaire, 1848).

vorer les tiges des pommes de terre [1]. Tout ce qui tient à cette nombreuse famille doit donc être recherché et détruit, en même temps qu'il est indispensable de respecter les Hiboux, Corbeaux, petits oiseaux, Taupes et Crapauds qui font aux larves et aux insectes parfaits, une guerre acharnée de jour et de nuit.

ORSODACHNA (Latreille)

O. Cerasi. Au printemps, dans les bois du Var.
O. nigriceps. Dans les bois humides.

DONACIA (Fabricius) (2)

Toutes les *Donacies* habitent les prairies couvertes de joncs et les fossés peuplés d'iris. Le dessous de leur

(1) La *Doryphora (Polygramma) decemlineata* ou insecte du Colorado a été découverte pour la première fois, en 1824, par M. Th. Say naturaliste, dans les Montagnes rocheuses. Elle vivait là sur la pomme de terre sauvage *(Solanum rostratum)*. En 1876, ce *Coléoptère* avait attaqué la pomme de terre cultivée, envahi presque tous les Etats-Unis et était devenu si nombreux, que sur le bord de la mer, du cap May au sud, jusqu'à New-Port au nord, le rivage en était littéralement couvert, comme pour les sauterelles, en Algérie.

Le champ de son invasion dépasse 1,500,000 milles carrés, et si le sud de l'Amérique est épargné en partie, cela tient à ce que l'insecte ne résiste pas à une chaleur de 40 degrés.

La *Doryphora* passe l'hiver en terre, à une profondeur de 25 à 30 centimètres. Elle sort après la fonte des neiges, s'accouple et ne s'attaque, ainsi que sa larve, qu'aux fanes.

Il y a trois générations dans une année et la femelle pond jusqu'à 800 œufs, qu'elle dépose par petits tas de 10 à 40, sur les feuilles.

C'est en 1877 que cette *Chrysomeline* a été signalée pour la première fois en Allemagne, près de Cologne, mais malgré de nombreuses alertes, elle n'a pas encore fait son apparition en France.

La *Doryphora* a parmi les insectes, les reptiles et les oiseaux, des parasites ou des destructeurs qu'il s'agit d'utiliser ; son ennemi le plus redoutable est une mite *(Uropoda Americana)* voisine de l'espèce connue en France sous le nom de *vegetans*. Grosse comme une tête d'épingle, elle s'attache extérieurement au *Coléoptère* dont elle transperce la dure enveloppe. On combat la *Doryphora* en déposant, en hiver, de petits tas de paille sous lesquels l'insecte s'abrite, en détruisant les œufs avec recommandation d'épargner ceux de la même couleur. mais plus petits des *Coccinelles*, en répandant dans les champs, des tranches de pommes de terre saupoudrées d'arséniate de cuivre, en plantant des espèces très hâtives, en projetant sur les fanes infestées, de l'arséniate de cuivre ou vert de Paris ; mais il faut avoir le soin de le mélanger avec du plâtre ou de la farine, et de l'employer pendant la rosée du matin.

(2) Métamorphoses des *Donacies* par Guérin-Menneville (Annales 1846, f° LXXV).
Mulsant (Histoire des *Donacies*, 1846).

corps et de leurs pattes est doublé d'un satin lustré et imperméable; elles sont armées de griffes qui leur permettent de s'accrocher aux plantes aquatiques si souvent agitées ; leurs larves s'abritent près du collet immergé des racines pour y accomplir leurs transformations.

D. affinis. Sur les joncs, dans les prairies marécageuses.

D. crassipes. En mai, au Var, sur les iris jaunes.

D. dentipes. Sur différentes plantes croissant dans les fossés.

D. Lemnæ. Dans les marais du Var et d'Antibes.

D. impressa et *simplex.* Dans les fossés du Var.

D. sagitariæ. Sur les iris jaunes, à Antibes.

D. tomentosa. Catalogue de M. Tappes.

ZEUGOPHORA (Kunze)

Z. subspinosa. Sans désignation de localité.

LEMA (Fabricius)

L. cyanella et *melanopa.* Autour des champs cultivés.

L. Hoffmanseggii. Prise par M. l'abbé Clair à Cannes.

CRIOCERIS (Geoffroy)

C. merdigera. Ce joli petit insecte rouge au bruit caractéristique, est commun sur le lis blanc de nos jardins ; la femelle dépose sous les feuilles, des amas d'œufs rougeâtres; la larve très vorace qui en provient se recouvre de ses excréments, et a promptement dépouillé la plante.

C. brunnea. Dans les bois, sur le muguet.

C. Asparagi. Dans nos jardins, sur l'asperge.

C. Paracenthesis. Vit sur l'asperge sauvage. A Menton, à Roquebrune, à Monaco, au Magnan et aux îles Sainte-Marguerite surtout.

C. 5-punctata. Pas rare dans les bois, en mai.

C. alpina. Prise à Saint-Martin-de-Lantosque par M. l'abbé Clair.

CLYTRA (Laicharting) (1)

Les larves de ce genre fort nombreux, ainsi que celles des *Cryptocéphales*, vivent dans des fourreaux portatifs, formés de leurs excréments desséchés. On trouve le plus souvent ces fourreaux auprès des fourmilières ou même dans les fourmilières. Chez l'insecte parfait, les mâles sont reconnaissables à la force de leurs mandibules; les femelles ont une fossette sur le dernier segment annal. Les œufs sont fixés aux plantes qui doivent nourrir les larves, par une matière visqueuse ou par un long pédoncule sétiforme.

C. cyanicornis. Vit en famille sur les *Rumex*.

C. lucida. Dans les sentiers de la Mantéga, sur les plantes basses.

C. pallidipennis. Au cap Martin, en juin.—Pas rare.

C. longimana. Sans désignation de localité.

C. ruficollis. Sur les pousses de chênes, à Caucade.

C. 6-maculata. A la Mantéga, sur les gazons.

C. 6-punctata. Pas rare sur les pousses de chênes, en juin.

C. taxicornis. Au golfe Juan, sur les lentisques.

C. palmata et *cylindrica*. Sans désignation de localité.

C. tristigma. Sur les mauves, au cap Martin.

C. læviuscula. Sur le chêne et sur l'aubépine.

C. 4-punctata. En mai, au cap Martin.

C. concolor. Commune sur le groseillier sauvage, à Beuil.

C. nigritarsis. Vallon-obscur, sur le genêt épineux.

C. affinis. En mars, au Fabron, sur les chênes.

C. scopolina. Commune partout, en juin.

C. meridionalis. Sur les plantes basses, à la Mantéga.

C. macropa et *Atraphaxidis*. Au cap Martin.

C. pubescens. Catalogue de M. Tappes.

C. humeralis. Trouvée à Saint-Martin-de-Lantosque par M. l'abbé Clair.

LAMPROSOMA (Kirby)

L. concolor. Partout, dans les prés humides.

(1) *Clytrides* (Lefèvre, Annales, 1872, f. 49).

EUMOLPUS (Kugel...) (1)

E. Vitis. Pas commun, heureusement, dans nos vignobles des Alpes-Maritimes. En Bourgogne cette *Chrysomeline,* connue sous les noms de *Gribouri* et d'*Ecrivain,* est très redoutée par les viticulteurs.

M. Maurice Girard pense que la femelle pond ses œufs au pied des ceps où ils éclosent au printemps ; la larve ovale, d'une couleur obscure s'attaquerait, selon lui, aux jeunes pousses et détruirait parfois les grappes naissantes.

Selon M. Lichtenstein, dont je partage l'avis, ces larves sont au contraire souterraines, et creusent dans les racines de la vigne de longs sillons, qui font souvent périr les souches. M. le baron Thenard avait proposé l'enfouissement de tourteaux de colza ou de moutarde, au pied des ceps, pour tuer la larve de l'*Eumolpus vitis.*

Cette existence souterraine paraît d'autant plus certaine qu'il existe en Amérique un insecte, voisin de notre *Eumolpe,* la *Colaspis flavida* qui nuit aux vignes en en rongeant les racines, à l'état de larve.

Comme le *Vitis* paraît aux premiers jours de printemps et que l'insecte à peine éclos s'attaque immédiatement aux bourgeons, j'ai proposé de planter dans les vignes de 10 mètres en 10 mètres, des pieds de groseillier sauvage, qui se couvrent de feuilles bien avant la vigne ; l'*Eumolpe* y est attiré en grand nombre et on n'a plus qu'à secouer de temps en temps ces groseilliers dans un parapluie, et à détruire les insectes qui y sont tombés.

CHRYSOCHUS (Redten...)

C. preciosus. Sur l'*Asclepias vincetoxicum,* en juin, dans la vallée de Cairos.

(1) Brulé (Annales 1837, f° LVIII). — Guérin de Menneville (Annales 1846, f° XXXV. — Insectes nuisibles à la vigne (Walcknaer, Annales 1835, f° 687, 1836, f° 219).

PACHENEPHORUS (Redten...)

P. arenarius. Dans les bois du Var. — Pas rare.
P. cylindricus. Inondations de la Siagne.
P. impressus et *aspericollis.* Autour de Cannes.

DIA (Redten...)

D. æruginosa. A la Croisette, sur l'*Erica arborea.*

COLAPHUS (Redten...) (1)

G. *ater.* Cette *Chrysomeline* noire nommée *Negril*
par les agriculteurs, se rencontre souvent en grande
abondance, dans les champs de luzernes. On a inventé,
pour combattre les dégâts causés par sa larve, une espèce de drague très légère en toile qui, promenée sur
les tiges, recueille de nombreuses larves et des insectes
parfaits, mais cette opération doit être très souvent
renouvelée.

CRYPTOCEPHALUS (Geoffroy) (2)

C. puctatus. Prairies de Nice (juillet).
C. imperialis. Un peu partout, en été.
C. holoxanthus. Au Magnan, sur les peupliers.
C. tessellatus, flavipes et *pygmæus.* A Berthemont,
en juin.
C. rugicollis. Golfe Juan et Antibes (mai).
C. signaticollis Var et Cagnes, prairies (mai).
C. signatus ou *Mariæ* et ses variétés. Je l'ai pris à
Gilette et à Marie sur le genévrier; au golfe Juan, à
Antibes, à Beaulieu et à Monaco sur le *Pistacea len-
tiscus*; n'y aurait-il pas là, deux espèces distinctes (3) ?
C. globulicollis. On trouve à l'Aution de belles va-
riétés.

---

(1) Dévastations causées par cet insecte (Dufour, Annales 1836. — Daubé (Annales 1836). Moyen de le détruire (Annales 1837 ; Annales 1873, f° 781 ; Annales
1875, f° 328).
(2) Suffrian (Annales 1848-49-50) ; Tappes (Annales 1859-71, etc., etc.)
(3) Description (Mulsant, Opuscules 1er cahier 1852, f° 5).

C. violaceus. A l'Aution, en juillet.

C. gracilis et *massellus.* Localité inconnue.

C. lobatus. A Roquebillière, sur les chênes.

C. cyanipes. Je l'ai trouvé en montant de Saint-Martin-de-Lantosque à la Madone de Fenestres, sur des noisetiers ayant encore le pied dans la neige. M. l'abbé Clair l'a aussi rencontré à Bouyon. La distinction en deux espèces bien distinctes *(lobatus* et *cyanipes)* faite par M. Suffrian, contestée par M. Gautier de Cottes est démontrée exacte par M. Grenier dans les Annales 1865, f° 10.

C. Loreyi. Ce beau *Cryptocéphale* n'est pas rare dans les Alpes-Maritimes, selon le naturaliste italien Ghiliani ; j'en ai pris plusieurs exemplaires des deux sexes, sur les jeunes pousses de chêne, à Berthemont et au Mont-Vinaigrier.

C. Moræi, Koyi et *variegatus.* Prairies du Var.

C. rugicollis. Au Mont-Vinaigrier, sur les chênes.

C. Pistacæi. Je l'ai pris, en 1865, à la Madone de Fenestres, en battant au parapluie les haies des grandes forêts. Il a été trouvé depuis, en 1875, à la Sainte-Baume par le R. P. Bellon (Annales 1875, f° CXCIII).

C. fulcratus et *marginellus.* Au Var, sur les aulnes.

C. abietinus. N'est pas rare dans le vallon du Boréon, sur les pins à écorce jaune. Ce n'est peut-être qu'une variété du *fasciatus.*

C. Reyi. Sur les cistes de l'Estérel.

C. Carinthiacus, Rossii, populi, labiatus et *geminus* (M. Tappes).

PACHYBRACHYS (Suffrian)

P. histrio. Pas rare sur les jeunes chênes.

P. hieroglyphicus. Commun sur les osiers.

P. scriptus. Sur le *Plantago psyllium*, en juin, à Berthemont.

P. Hyppophaes. A Menton, sur le *Tamarix gallica.*

STYLOSOMUS (Suffrian)

S. Tamarisci et *illicicola.* Communs sur le *Tamarix.*

CYRTONUS (Latreille)

C. rotundatus. Pris à Menton par M. Linder [1].

TIMARCHA (Latreille) (2)

T. Nicænsis. Déterminée par le naturaliste Villa.
T. tenebricosa. Sur les gazons, autour de Nice.
T. lævigata. Sans désignation de localité.
T. semipolita. Espèce nouvelle déterminée en 1863 par M. Chevrolat sur des exemplaires capturés à Villefranche ; elle se trouve dans le catalogue de M. Grenier et dans celui de M. l'abbé de Marseul, mais MM. Fairmaire et Allard ne l'ont admise que comme une variété de la *tenebricosa* ; je donne cependant plus loin sa détermination.

CHRYSOMELA (Linné) (3)

C. Cerealis. Rapportée des hauts plateaux de Beuil.
C. pelagica. Cette grosse espèce, découverte à Nice et dénommée en 1863 par M. Chevrolat, ne serait, selon M. Suffrian (Annales 1865, f° 74), qu'une variété de l'*obscurella* (voir plus loin sa détermination).
C. Banksii. En mai, à Monaco, au pied des buissons.
C. Graminis. En juin, sur la menthe en fleur.
C. fastuosa. En juin, autour des champs de blé.
C. Rossi et *Schottii*. Inondations de la Siagne.
C. Americana. Commune dans les jardins de Monaco, sur le romarin.
C. grossa. A Monaco avec la *Banksii*.
C. femoralis. Commune à Nice, en hiver, le long des chemins.
C. sanguinolenta. Sous les pierres, dans la montagne.
C. hæmoptera. Dans des fossés, à Saint-Pons.
C. diluta. Coteaux arides autour de Menton. Selon M. Mulsant (Opuscules 1er ch. f° 60), cet insecte ne sortirait que la nuit et vivrait sur le *Plantago coronopus*.

(1) Fairmaire (Annales 1850). Selon M. L. Dufour, la nymphe passe la saison d'été enfouie en terre.
(2) Monographie (Fairmaire et Allard, Annales 1873, f° 143 et suivants).
(3) Suffrian (Annales 1865, f° 35).

C. erythromera. Au golfe Juan, dans les prairies.
C. Gypsophilæ. Dans les mêmes conditions.
C. geminata et *fucata.* Au cap d'Antibes.
C. marginata, lamina et *didymata.* Sans localité connue.
C. depressa. Sous les pierres, à Monaco et à Levens.
C. pallida. Au cap Martin, sous les pierres.
C. Menthæ. Sur les menthes, dans la montagne.
C. Genei. M. Suffrian dit qu'elle a été trouvée dans les Alpes-Maritimes par M. Ghiliani.
C. staphylea et *confusa.* Catalogue de M. Tappes.

OREINA (Chevrolat) (1)

O. speciosa, variétés *nigrina, gloriosa* et *superba,* en juin, à l'Aution sur les plantes.
O. Cacaliæ. Au lac de la Madone, sur la *Cacalia leptaphylla.*
O. elongata. Au même lieu, sur le *Circium spinosimum.*
O. nigriceps. En juillet, sur l'*Arnica montana.*
O. preciosa. Dans les prairies de l'Aution, en juillet.
O. villigera. A Saint-Martin-de-Lantosque et à Belvédère, en juin, autour des champs de blé.
O. venusta. M'a été envoyée de la haute montagne.
O. nivalis. A Saint-Martin-de-Lantosque, autour des neiges.

LINA (Redten...)

L. ænea. Commune sur les coudriers, en juin.
L. Populi. Commune sur les peupliers, en juin.
L. collaris et *cuprea.* Sur le saule-marceau, en juin.

GONIOCTENA (Redten...)

G. viminalis. Sur le saule-marceau.
G. litura. Sans désignation de localité.
G. pallida. Au Boréon, sur le saule-marceau.

GASTROPHYSA (Redten...)

G. Poligoni. Dans les bois du Var, en juin.

(1) Pierret, (Annales 1849). Lucas (Annales 1856).

PLAGIODERA (Redten...)

P. Armoriacæ. Très commune sur les saules.

PHÆDON (Latreille)

P. Cochleariæ. Sur le *Nasturtium officinale.*

ADIMONIA (Laich...)

A. brevipennis. Dans les prairies de Sospel, en mai.
A. Tanaceti. Sous les pierres, à la Madone de Fenestres [1].

PHRATORA (Redten...)

P. Vitellinæ et *vulgatissima.* Sur les saules, au Var.

PRASOCURIS (Latreille)

P. Phellandrii. Sur les plantes aquatiques.
P. Beccabungæ. Pas rare au bord des mares.
P. aucta. Au golfe Juan, dans les fossés.

ADIMONIA (Laich..)

A. monticola. Prise par M. l'abbé Clair dans le vallon de la Trinité (Saint-Martin-de-Lantosque).
A. Capreæ. Commun sur le saule-marceau.
A. litoralis. Catalogue de M. Gautier.

GALERUCA (Fabricius) (2)

G. Cratægi ou *Calmariensis.* Sur les ormes.
G. Viburni. Dans les bois sur le *Viburnum lantana.*
G. elongata. Sur le *Tamarix gallica.*
G. tenella. Sans désignation de localité.
G. lineola. Catalogue de M. Gautier.

---

(1) Dégâts causés par le *Galeruca Tanaceti* (Colon, Annales 1834).
(2) Dommages causés aux ormes de Saint-Cloud par la *G. Calmariensis.* (Buquet 1850. Annales 1871, f° XXXV) ; voir aussi (Allard, Annales 1860, f° 39).

MALACOSOMA (Rosenh...)

M. lusitanica. A Nice sous les oliviers; cet insecte répand une odeur fade.

AGELASTICA (Redten...)

A. Alni. sur les aulnes, au Var.
A. halensis. A Sospel, sur les aulnes.

PHYLLOBRETICA (Redten...)

P. 4.-maculata. Dans les bois humides, en mai.

LUPERUS (Geoffroy)

L. flavipes et *rufipes.* Sur les haies, en juin.
L. viridipennis. A l'Aution, sur les mélèzes.

CREPITODERA (Allard) (1)

C'est le commencement du groupe des *Altises*; ces insectes de petite taille et sauteurs, ont été étudiés par MM. Allard, Foudras et Mulsant.
C. ventralis. Sur le *Nasturtium ambiguum.*
C. melanostoma et *Peirolerii.* On les prend à l'Aution.
C. aurata et *rufipes.* Prises à Nice par M. Tappes.
C. ferruginea. A Saint-Hospice, sous les oliviers.
C. cyanescens. A Saint-Martin-de-Lantosque (M. l'abbé Clair).
C. pubescens. Dans les bois du Var, en mai.
C. Atropæ. Sur l'*Atropa belladona,* dans la montagne.
C. lineata. A la Croisette, sur l'*Erica scoparia.*

LINOZOSTA (Allard)

L. Mercurialis. Sur la *Mercurialis perennis.*

(1) Mulsant (Monographie des *Alticides*).

GRAPTODERA (Allard)

G. Erucæ. Sur les chênes, au printemps.
G. oleracea. Dans les vignes, où il cause des dommages.
G. Lythri. Sur le *Lythrum salicaria.*

TEINODACTYLA (Chevrolat)

T. lævis. Dans les bois de la montagne, en juin.
T. Echii. En été, sur l'*Echium vulgare.*
T. 4.-pustulata. Sur le *Cynoglosum officinale.*
T. atricilla. Prés humides, sous bois, en été.
T. Nasturtii. On la prend autour des cressons.
T. Linnæi. Prise à Cannes par M. l'abbé Clair.
T. parvula et *lurida.* Endroits humides (Var et Cagnes).
T. abdominalis, brunnea, pusilla, rutila et *pellucida.* Catalogue de M. Tappes.

PHYLLOTRETA (Allard)

P. Brassicæ. Dans les prairies du Var.
P. undulata, Lepidii et *atra.* Sur les crucifères [1].
P. nemorum. Commune dans nos jardins.
P. nodicornis. Sur le réséda sauvage.
P. obscurella, diademata, procera, variipennis. Prises à Nice par M. Tappes.
P. vittula. Au golfe Juan, en mai.

APHTONA (Allard)

A. lutescens. Dans les bois humides.
A. atrocærulea. Dans les prairies humides.

ARGOPUS (Fischer)

A. hemisphæricus. Pas rare aux îles Sainte-Marguerite.

[1] Ravages dans des planches de navets (Annales 1868, f° xciv).

SPHÆRODERMA (Stephens)

S. Cardui. Sur le *Cirsium lanceolatum.*

PODAGRICA (Allard)

P. fuscipes et *fuscicornis.* Communes sur les mauves.
P. Malvæ. A Nice, catalogue de M. Tappes.

BALANOMORPHA (Chevrolat)

B. rustica. Dans les bois du Var.

MNIOPHILA (Stephens)

M. Muscorum. Sans désignation de localité.

PLECTROSCELLIS (Chevrolat)

P. conducta et *Mannherheimii.* Dans les bois.
P. aridella et *chlorophana.* Catalogue de M. Tappes.
P. concinna. Prise par M. Tappes sur la lavande.

APTEROPODA (Chevrolat)

A. Graminis et *globosa.* Au Var, sous bois.

DIBOLIA (Latreille)

D. cryptocephala. Dans les bois, au printemps.
D. occultans. Catalogue de M. Tappes.
D. rugulosa. Prise à Saint-Martin-de-Lantosque.

PSYLLIODES (Latreille)

P. Dulcamaræ. Sur le *Solanum dulcamara.*
P. Napi. La larve vivrait dans le cresson.
P. cupreata. En juin, dans les bois humides.
P. chrysocephala. Au printemps, sur les crucifères.
P. gibbosa et *attenuata.* Catalogue de M. Tappes.
P. puncticollis et *cucullata.* Plaine de la Siagne.

HISPA (Linné)

H. atra. Autour des champs de blé.
H. testacea. Sur un ciste violet (Monaco).

CASSIDA (Linné) (1)

Les larves des *Cassides* ont été, de tout temps, signalées comme nuisibles à l'agriculture.

C. meridionalis. Pas rare sur les plantes des fossés du Var.

C. pusilla. Commune en juillet, sur l'*Inula viscosa.*

C. Murræa. Dans les fossés du Var, sur les *Composées.*

C. vibex. La larve vit sur les *Centaurées.*

C. equestris. A Antibes, sur la *Mentha aquatica.*

C. nobilis. Partout en juin, dans les prés.

C. margaritacæa. A Berthemont, sur les pins.

C. sanguinosa. Pas rare dans les prés du Var.

C. rotundicollis. Sur les pins, à Berthemont.—Rare.

C. azurea. Sur les *Caryophyllées.*

C. rubiginosa. Commune en juin, sur les chardons.

C. ferruginea. La larve vit sur la *Serpula arvensis.*

C. sanguinolenta. Sur l'*Achillæa millefolium.*

EROTYDILÆ

Les *Erotylides* habitent les pays chauds, ils vivent dans les bolets et les champignons. Ces insectes exhalent une odeur assez pénétrante.

ENGIS (Fabricius)

E. humeralis. Sous les bois coupés et sous les écorces.

---

(1) Voir Perris (Promenades entomologiques, (Annales 1473 et 1876). Voir aussi Fairmaire (Annales 1874, f° xcvi).

TRIPLAX (Payk...)

T. russica. Dans les bolets et les champignons des arbres.

T. rufipes. Plus commun, dans les mêmes conditions.

TRITOMA (Fabricius)

T. bipustulata. Dans les champignons des arbres.

COCCINELLIDÆ (1)

Les *Coccinellides* ou *Bêtes du bon Dieu,* sont de jolis petits *Coléoptères* globuleux qui, soit à l'état de larve, soit à l'état d'insecte parfait, se nourrissent, généralement de *Pucerons, Cochenilles* et *Kermès.* Nous devons donc les préserver de toute destruction. De leur corps suinte une liqueur à odeur désagréable. On les trouve chassant sur les plantes et les arbres, en été, et très souvent réfugiés, en hiver, sous les écorces.

Quelques larves se nourrissent de végétaux (*Epilachniens*), mais c'est l'exception.

HIPPODAMIA (Mulsant)

H. 13-punctata. Commune, en mai, au Var.

ANISOSTICTA (Duponchel)

A. 19.-punctata. La larve est essentiellement carnassière.

ADONIA (Mulsant)

A. mutabilis. Commune dans les forêts de pins.

IDALIA (Mulsant)

I. obliterata. M. Mulsant dit que la larve vit dans le pin, le sapin et le hêtre.

(1) Mulsant (Monographie des *Securipalpes*).

T. Alpina. A Berthemont, sur les jeunes pins.

T. bipunctata. Sur les plantes, où elle poursuit les *Pucerons.*

T. rufocincta. Je l'ai prise au col de Raus sur le *Taraxacum officinale,* ou pissenlit.

HARMONIA (Mulsant)

H. impustulata. Sous les écorces, pendant l'hiver.

H. marginepunctata. Sur les pins, où vit la larve.

H. Doublieri. En été, sur le *Tamarix gallica.*

H. conglobata. Catalogue de M. Tappes.

COCCINELLA (Linné)

C. variabilis et *14-pustulata.* Sous les écorces.

C. 7-punctata. Fait la guerre aux *Pucerons* des rosiers.

C. 5-punctata. Avec l'*Harmonia Doublieri* sur les *Tamarix.*

C. hieroglyphica. Sur les bruyères, à l'Estérel.

MYSIA (Mulsant)

M. oblongoguttata. Prise à l'Aution, en fauchant sous bois.

SOSPITA (Mulsant)

S. tigrina. Pas rare, au Var, sur les aulnes, en juin.

MYRRHA (Mulsant)

M. 18-guttata. Habite les pins de nos montagnes.

CALVIA (Mulsant)

C. 14-guttata. Sur les aulnes et les hêtres.

C. bis 7-guttata. Sous les écorces des hêtres, en hiver.

HALYSIA (Mulsant)

H. 16-guttata. A Moulinet, sur les noisetiers.

VIBIDIA (Mulsant)

V. 12-guttata. La larve doit vivre sur les aulnes.

THEA (Mulsant)

T. 22-punctata. Dans la cavité du *Glaucium luteum.*

PROPHYLEA (Mulsant)

P. 14-punctata. La larve est *Aphidiphage.*

MICRASPIS (Chevrolat)

M. 12-punctata. Trouvée au golfe Juan, en mai.

CHILOCORUS (Leach...)

C. bipustulatus. La larve, noirâtre, vit sur le genévrier.
C. renipustulatus. Sous les écorces des platanes.
La larve a été décrite par M. de Geer.

EXOCHOMUS (Redten..)

E. auritus. Dans la cavité du *Glaucium luteum.*
E. 4-pustulatus et variétés. Sous les écorces, en hiver.

HYPERASPIS (Chevrolat)

H. Hoffmanseggii. En décembre, dans la cavité centrale du *Glaucium luteum.*
H. campestris. A Nice, en mai, sur les haies.
H. concolor. N'est peut-être qu'une variété de la précédente espèce.

EPILACHNA (Chevrolat)

E. argus. Sur la *Bryonia dioïca.*

LASIA (Mulsant)

L. globosa. La larve s'adresse, selon M. Rouget, à la *Saponaria officinalis.*

PLATYNASPIS (Redten..)

P. villosa. Dans le *Glaucium luteum*, en hiver.

SCYMNUS (Kugel..)

S. Apetzii. Pris en fauchant, au Var, en mai.
S. frontalis. A Menton, sous les écorces.
S. discoideus. La larve vit sur les pins.
S. capitatus. Dans les bois humides du Var.
S. nigrinus. Sur les pins, selon M. Mulsant.
S. Ahrensii. Espèce italienne que j'ai prise au Var, dans la cavité du *Glaucium luteum*.
S. pygmæus. Dans les bois du Var.
S. minimus. Dans le *Glaucium luteum*, en hiver. M. Rouget a étudié la larve et la nymphe.
S. hæmorrhoidalis. Dans les bois du Var.
S. 4-lunulatus. Pris à Nice par M. Tappes.
S. Abietis. A la Maïris, sur les sapins.
S. arcuatus. Catalogue de M. Tappes.

RHIZOBIUS (Stephens)

R. litura. Dans la forêt de Moulinet, sous les pins.

COCCIDULA (Kugel..)

C. rufa et *scutellata*. Au Var, autour des mares. La larve vit aux dépens des plantes aquatiques.

ENDOMYCHIDÆ (1)

ENDOMYCHUS (Panzer)

E. coccineus. Sur les charmes. La larve vit dans les substances cryptogamiques.

LYCOPERDINA (Latreille)

L. Bovistæ. Dans les *Lycoperdons*.

---

(1) Mulsant (Monographie des *Sulcicolles*).

ESPÈCES NOUVELLES

DÉCOUVERTES PAR L'AUTEUR DE CE TRAVAIL

dans le département des Alpes-Maritimes, depuis 1860

I

PTINUS QUADRIDENS. — *Mas.* Alatus pilosulus, elongatus brunneus ; capite albicante, sub quadrato, planiusculo, lateribus unisulcato; prothorace postice coarctato, ibi que transversim depresso-nodulis quatuor spiniformibus, laterali obtuso, dorsali elevato, sulco longitudinali augusto, intus fulvo. Scutello albido. Elytris angustis parallelis, conjunctim rotundatis, in humero obtuse rectangulis, punctato-striatis, intersticiis modice elevatis ; fasciis duabus ante suturam abbreviatis, versusque apicem confuse albidis. Antennis pebibusque elongatis, pubescentibus, rufotestaceis, tibiis posticis paululum arcuatis.

Trouvé par M. A. P... à Menton, sous les écorces de platanes : *femelle* inconnue.

A. CHEVROLAT (Catalogue Grenier, fº 86, 1863).

II

METALLITES LARICIS. — Alatus, elongatus, nigroplumbeus, pube tenui cinerea indutus ; antennis, tibiis tarsisque rufo-obscuris ; capite modice convexo, fovea inter oculos parva ; rostro breviori, anticè recto et paululum angustato, supra crutiatim impresso. Oculis nigris. Prothorace latitudine et longitudine æquali modicè convexo lateribus rotundato, rugose punctato, anticè posticèque recto, sed extus supra humerum oblique subemarginato, linea dorsali elevata. Scutello punctiformi. Elytris versus apicem paululum ampliatis, postice convexis, conjunctim rotundatis, punctato-striatis ; interstitiis 2 et 4 paululum elevatis. — *Long 5 à 6 latit. 1 2/3 millim.*

Cette espèce a été prise par M. A. P... sur les mélèzes.

A. CHEVROLAT (Catalogue Grenier fo 99, 1863)

III

OTIORHYNCHUS CORYLI. — Similis *O. rufipedi (Sch)* sed elytris ovalibus, angustioribus, convexioribus, distinctus. Niger, nitidus ; pedibus rufis ; rostro conico antice latiore, angulosim emarginato, crebre rugosimque punctato ; linea elevata antice furcata ; capite dimidio breviore, convexo, punctulato, fovea parva inter oculos signato ; antennis elongatis, fuscis, scapo tertiam partem prothoracis attingente, articulo primo funiculi elongato, secundo sesquiduplo longiore, clava ovali, elongata, minus acuta ; prothorace lateribus mediis subrugulosim rotundato, antice posticeque recto, tuberculis confertis distincte rotundatis ; elytris ad apicem conjunctim obtuse productis striis foveato gemmatis, interstitiis tuberculato-coriaceis ; pedibus crebre punctulatis, inermibus, femoribus tibiisque ad apicem clavatis, pectore minute tuberculato ; abdomine nitido, punctato, rugoso atque strigoso. — *Long. 11, lat. 5 millim.*

Trouvé par M. A. P... sur les noisetiers.

A. CHEVROLAT (Catalogue Grenier fo 107, 1863).

IV

ACALLES PERAGALLOI. — Brevis, globosus, fuscus, setis griseis brevibus, erectis undique supra tectus; capite convexo, cinereo; rostro subæquali modice convexo, in canaliculo pectorali projecto usque ad insertionem pedum intermediorum, arcuato, obscuro, crebre punctato, longitudinaliter strigato; prothorace transverso, antice angustato, semi-rotundatim emarginato, ab basin recto, lateribus rotundato, supra convexo, punctis excavatis remotis, fovea basali parva lutea; elytris glomeratis, cinereo nigroque confuse fasciatis striato-punctatis, interstitiis latis convexis, seriatim setosis; pedibus cinereo dense pilosis; segmentis abdominalibus tribus primis connatis, ultimo magno. — *Long. 2 2/3 lat. 2 millim.*

Trouvé par M. A. P... à Menton sous des écorces (janvier).

A. CHEVROLAT (Catalogue Grenier, fo 111, 1863).

V

CHRYSOMELA PELAGICA.— Statura *Scribosæ (Germ..)* sed affinis *Cœrulæ (Duft)*; hemisphærica subopaca, subtus cyanescens, tota punctulata; capite augulose impresso, linea tenui abbreviata; antennis violaceis, ad apicem incrassatis; prothorace transverso, semi-arcuatim emarginato, postice late arcuato, leviter sulcato; lateribus anterius modice angustatis et rotundatis, posterius fortiter incrassatis et intus breviter impressis. Scutello subtriangulari impunctato. Elytris conjunctim rotundatis crebre punctulatis; punctis dorsalibus paululum rimosis; serie marginali punctorum medio interrupta ; epipleuris planis levibus, transverse plicatis. Pedibus nitidis cyaneis, remote punctatis ; tibiis extus uni-sulcatis; tarsis subtus cinereis spongiosis. — *Long. 10 1/2. Lat. 8 millim.*

Trouvée par M. A. P... aux environs de Nice.

A. CHEVROLAT (Catalogue Grenier, fº 121, 1863).

VI

TIMARCHA SEMI-POLITA. — Simillima *tenebricosæ* (*Lin*) ; sed distincta capite phrothoraceque politis. Capite crebre punctato, medio depresso, impressione antice angulata, linea frontali tenui ; antennis pilosis, punctatis, nigris, cyaneo tinctis ; prothorace ut in *tenebricosa* sed acutius puncticulato, punctulis evidentioribus regulariter dispositis, sulco marginis magis impresso et angulis posticis aciculatis ; scutello triangulari, levi. Elytris ovalibus, nigro-opacis, regulariter punctulatis, pectore punctulato, punctis abdominalibus in femina rimosis ; pedibus nitidis ; femoribus nigris vix punctatis ; tibiis cyaneo-violaceis, ad apicem crebre punctatis ; tarsis nigris, subus luteis, anticis in mare amplius dilatatis. — *Long. 15 à 17 1/2 millim. Lat. 7 1/2 à 10 millim.*

Trouvée par M. A. P... dans les montagnes, près de Nice.

A. CHEVROLAT (Catalogue Grenier, fº 120, 1863).

VII

ATHOUS EMACIATUS (*femelle*). — M. Candèze qui, lorsqu'il a publié sa Monographie des *Élatérides* en 1860 a connu cependant les deux sexes de l'*Athous emaciatus*, n'ayant rien dit de la femelle, je crois utile d'en donner le signalement.

Un peu plus renflée que le mâle, elle a le corselet plus court, plus arrondi sur les côtes et plus convexe, presque gibbeux, les stries des élytres sont plus marquées et à ponctuation plus distincte.

M. A. P... a trouvé cet insecte dans les environs de Nice.

L. REICHE (Annales 1869, f° 384).

VIII

ATHOUS PERAGALLOI. — Elongatus, sat depressus, nigro-piceus; elytris tarsisque fuscescentibus; griseopubescens. Caput depressum, vix excavatum, crebre punctatum; epistomo rotundato; oculis semi-globosis; antennis atris, longiusculis, articulis quatuor ultimis thoracis basi superantibus; articulo primo crasso, curvato, secundo turbinato minuto, tertio secundo duplo longiore, quartoque æquale, subcylindrico. Thorax oblongus, capite paulo latior, latitudine tertia parte longior, ante apicem parum coarctatus angulis anticis quadrato obtusis, posticis divaricatis, acutiusculis; supra sat convexus crebre, sat profunde punctatus medio absolete canaliculatus; scutellum postice rotundatum, fuscum. Elytra thorace dimidio latiora, parallela, apicem versus attenuata, punctato-striata; interstitiis punctulatis. Subtus uniformiter punctulatus; tarsis simplicibus. In *femina*, thorace breviori, convexiori utrinque basi oblique impresso; tibiis tarsisque rufescentibus. Habitat in Alpibus maritimis nivosis, a dom. Peragallo apud Pinum Laricium captus, mense augusto. — *Long. 13 millim. 5 3/4 lin. Lat. 3 1/2 millim. 1 2/3 lin.*

J'ai dédié cette espèce à mon collègue M. A. P... en souvenir des intéressantes découvertes entomologiques qu'il a faites dans les Alpes-Maritimes.

L. REICHE (Annales 1864, f° 247).

IX

Atelestus peragallonis [1]. Niger, albido subtilissime pubescens, antennæ rubro-testaceæ, exceptis articulo primo basi aut supra brunneo, articulisque aliquot intermediis et extremis brunnescentibus. Caput (feminæ) nigrum, subnitidum, epistomate rubro-testaceo, fronte plana, absolete inter oculos bifoveolata; (maris) latius, omnino rubro testaceum, exceptis palpis et oculis nigris ; fronte inter oculos profunde arcuatim excavata et inter antennas longitudinaliter bifoveolata (utriusque). Prothorax nitidus, rubro-testaceus subtilissime et remote punctulatus, latitudine summa vix brevior, antice rotondatus, dein basim versus fortiter angustatus, basi late emarginatus et depressus, aut ante scutellum foveolatus. Scutellum nigrum, rotundatum. Elytra fortius punctulata, parum nitida, prothorace sesqui longiora, abdomine multo breviora, nigro-cærulea, macula fere basali, rotundata, alba. Pedes rubro-testacei, femoribus tibiisque posticis, basi excepta, nigris. — *Long. 2 1/2 millim. (mâle); 3-3 1/2 millim. (femelle).*

Ce délicieux petit animal a été pris en grand nombre par M. A. P... sur les galets de la mer, à Nice et à Menton.

Ed. Perris (Annales 1866, f° 186).

Je donne ici la description très étudiée qu'ont faite de l'*Atelestus Peragallonis* MM. Mulsant et Rey,

[1] Il y a plusieurs écoles de *Glossologie*.
L'une ajoute simplement un i au nom propre. *Aubei, Peragalloi*.
L'autre ajoute deux i, *Aubeii*.
Une troisième, celle de M. Perris. décline le nom propre comme un nom propre latin, *Peragallonis*. MM. Desbrochers des Loges, Mulsant et Rey sont de cette école.

dans leur monographie des *Vésiculifères (Malachiaires)*, f° 303, éditée en 1867 par F. Savy de Paris.

Suballongé, très légèrement pubescent, d'un noir de poix brillant, avec le prothorax et quelquefois la tête d'un rouge clair, les antennes, les tibias et les tarses d'un rouge testacé et une tache arrondie, blanchâtre près de la base de chaque élytre, tête grosse, front très large, prothorax subtransverse plus ou moins fortement rétréci en arrière, presque lisse. Élytres oblongues, sensiblement élargies postérieurement, obsolètement, finement ponctuées; abdomen convexe très finement pointillé, pied grêles très allongés.—Long. 0,0028 (1 1/4 lig.) Larg. 0,0011 (1/2 lig.)

(Mâle). *Tête* fortement et angulairement dilatée sur les côtés à la hauteur des yeux qui sont assez petits et subarrondis; beaucoup plus large que le prothorax; d'un rouge clair et vif, avec une tache nébuleuse de chaque côté sur le vertex contre le bord antérieur du prothorax.

Front plus pâle supérieurement, fortement et transversalement excavé entre les yeux; avec l'excavation profonde, occupant presque toute la largeur de la tête, largement et circulairement échancrée dans le milieu de son arête supérieure, et armée d'une forte dent déprimée qui s'avance au-dessous de l'échancrure en forme de lame triangulaire assez aiguë et à arêtes latérales assez tranchantes et un peu rembrunies.

Région de l'Epistome impressionné de chaque côté vers les tubercules antennifères qui sont lisses; fortement relevée dans son milieu en une lame large, triangulaire, finement chagrinée, et dont la pointe rembrunie se recourbe un peu vers le sommet de la dent susindiquée.

Antennes aussi longues que le corps, graduellement un peu plus obscures vers leur extrémité, avec les sixième à dixième articles allongés, subparallèles; le dernier très allongé, linéaire.

Prothorax fortement rétréci postérieurement. Le sixième segment ventral triangulairement échancré à son sommet. Le sixième segment abdominal terminé par un angle à côtés subsinués.

(Femelle). *Tête* obtusément et subangulairement dilatée sur les côtes à la hauteur des yeux qui sont assez grands et subovalaires; sensiblement plus large que le prothorax ; d'un noir de poix brillant avec souvent une légère transparence rougeâtre sur le milieu entre les yeux.

Front déprimé creusé entre ceux-ci d'une impression plus ou moins large, plus ou moins prononcée et parfois à fond lisse.

Région de l'Epistome, simplement subconvexe.

Antennes, sensiblement moins longues que le corps, non ou à peine plus foncées vers leur extrémité, avec les sixième à dixième articles suballongés, mais un peu rétrécis vers leur base : le dixième allongé, fusiforme.

Prothorax assez fortement rétréci postérieurement, le sixième segment ventral entier et subarrondi à son sommet, ainsi que le sixième segment abdominal.

Corps, suballongé, sensiblement élargi en arrière, brillant, très légèrement pubescent.

Tête plus ou moins inclinée, grosse, plus ou moins angulairement dilatée sur les côtés, très finement pointillée, très légèrement pubescente, brillante, d'un rougeâtre clair *(mâle)* ou d'un noir de poix *(femelle)*.

Front très large. *Labre* membraneux et rosat à sa base, convexe, d'un noir de poix brillant et légèrement cilié à sa partie antérieure.

Mandibules d'un rouge testacé à leur base, noires et brillantes à leur extrémité.

Les *parties inférieures de la bouche* d'un rouge testacé, avec les *palpes* noirs, très finement pointillés et légèrement pubescents.

Yeux plus ou moins grands, plus ou moins proéminents, subarrondis ou subovalaires, noirs.

Antennes plus ou moins allongées, finement chagrinées, très finement pubescentes, légèrement cilicées ou fasciculées en dessous ; d'un rouge testacé, souvent un peu plus obscures *(mâle)* vers leur extrémité, avec le premier article plus ou moins rembruni sur la face interne, légèrement épaissi en massue allongée, subarquée, tronquée au bout : le deuxième court, obconique beaucoup plus long que le suivant ; les troisième à dixième plus *(mâle)* ou moins *(femelle)* allongés, subparallèles *(mâle)* ou un peu rétrécis vers leur base *(femelle)* le dernier sensiblement plus long que le pénultième, très allongé et linéaire *(mâle)*, allongé et fusiforme *(femelle)*, obtusément acuminé au sommet.

Prothorax à peine plus étroit que les élytres à leur base, empiétant un peu sur celles-ci ; subtransverse ; large antérieurement, plus ou moins fortement rétréci postérieurement ; fortement arrondi et prolongé au milieu de son bord antérieur qui est parfois très finement rebordé latéralement ; à côtés assez largement arrondis avec les angles antérieurs, presque rectilignes ou faiblement sinués en arrière où ils sont très finement rebordés, avec les angles postérieurs obtus et subarrondis ; subtronqués à sa base, avec celle-ci distinctement rebordée sur toute sa largeur et assez largement sinuée ou circulairement échancrée au-dessus de l'écusson, subconvexe sur le dos, transversalement subimpressionné sur son milieu au-devant de sa base ; très finement et à peine pubescent ; à peine pointillé ou presque lisse ; d'un rouge très brillant assez clair, avec le milieu du disque quelquefois nébuleusement rembruni.

Ecusson subtransverse, trapéziforme, subarrondi au sommet, très finement pointillé, à peine pubescent, d'un noir brun assez brillant.

Elytres oblongues, une fois et demie aussi longues que le prothorax ; graduellement et sensiblement élargies en arrière ; subrectilignes sur les côtés qui sont largement arrondis postérieurement en même temps que ses angles postéro-externes ; obtusément tronquées au sommet avec l'angle sutural subarrondi ; fortement raccourcies et laissant à découvert les quatre derniers segments abdominaux ; transversalement déprimées ou subimpressionnées à leur base et subconvexes sur leur partie postérieure ; très finement et rugueusement pointillées antérieurement, graduellement plus éparsement et plus finement en avançant vers l'extrémité ; finement et très légèrement pubescentes, avec la pubescence pâle et couchée, et çà et là, surtout vers la base et le sommet, quelques longs poils très mous et redressés ; d'un noir de poix beaucoup plus brillant en arrière ; parées sur chacune, un peu derrière la base, d'une grande tache subarrondie ou subtransverse, d'un blanc un peu flave, ne touchant ni aux côtés ni à la suture.

Epaules à peines saillantes, presque effacées.

Dessous du corps très finement et obsolètement pointillé, légèrement pubescent ; d'un noir de poix brillant, avec le dessous de la tête et du prothorax rouge.

Abdomen convexe, très finement et obsolètement pointillé, légèrement pubescent, d'un noir de poix brillant ; avec le dernier segment éparsement et longuement cilié de chaque côté.

Ventre subdéprimé, plus ou moins déformé, à intersections souvent rosées et membraneuses latéralement.

Pieds grêles, très allongés, très finement chagrinés, finement pubescents, noirs, avec les trochanters d'un roux de poix, les tibias et les tarses d'un rouge-testacé, et les tibias postérieurs assez souvent un peu obscurcis dans leur milieu.

Cuisses sublinéaires ou à peine renflées.

Tibias grêles, un peu plus longs que les cuisses : les antérieurs et intermédiaires presque droits, les postérieurs un peu cambrés.

Tarses allongés, étroits, sensiblement moins longs que les tibias, avec leurs quatre premiers articles graduellement plus courts : les intermédiaires et postérieurs à articles moins allongés ou même assez courts ; le dernier un peu plus ou moins long que les deux précédents réunis, graduellement et plus ou moins fortement élargi vers son extrémité où il est un peu plus épais que les précédents.

Crochets petits, offrant en dedans un lobe membraneux soudé.

Patrie. Cette belle espèce à été prise en abondance sur la plage du cap Martin, à Menton, par M. A. P... et sur celle de Carras (Nice) par M. le Dr Grandvilliers.

Elle se distingue suffisamment par sa coloration, de l'*Atelestus brevipennis.* En outre, les antennes sont beaucoup plus grêles, les élytres sont plus sensiblement élargies en arrière, et le *(mâle)* n'a pas le premier article des tarses antérieurs prolongé au-dessous du deuxième.

MULSANT et REY (Vésiculifères, f° 303, 1867).

X

D'après les femelles de *Luciola lusitanica* que je leur ai envoyées MM. Mulsant et Rey ont établi la détermination de ce sexe qui était peu connu. Je reproduis ici cette détermination intéressante pour notre Faune niçoise.

Luciola lusitanica (femelle). Antennes prolongées à peine jusqu'au tiers des élytres. Espace compris entre les yeux à peu près aussi large près du bord antérieur du prothorax que le diamètre transversal des deux yeux. Front offrant derrière la base de chaque antenne un tubercule arrondi et assez saillant. Cinquième anneau du ventre faiblement plus long que le précédent, tronqué ou échancré à son bord postérieur. Oviducte ordinairement saillant terminé par deux appendices divergents et que la *(femelle)* utilise au moment de sa ponte, pour la disposition des œufs.

MULSANT (*Mollipennes*, f° 125, 1862).

XI

POLYDROSUS PERAGALLONIS. — Oblongus, elongatus, niger subopacus, squamulis angustioribus griseis interdum subargenteis sparsus, perspicue, subtus in abdomine brevius, in capite thoraceque longius pubescens ; rostro capite vix breviore ; prothorace transverso, lateribus modice rotundato, in disco absolete squamoso. Elytris posterius parum ampliatis, modice convexis, brevissime brunneo-tomentosis, anguste, lateribus densius sparsim griseo-squamulatis ; pedibus mediocribus, femoribus dente brevi minus acuto instructis. — *Long. 5 1/2 à 6 millim. Lat. 2 1/2 à 2 2/3 millim. Long. elyt. 3 2/3 à 4 millim.*

Prise par M. A. P... dans les Alpes-Maritimes.

DESBROCHERS des LOGES (Annales 1869, f° 392).

En même temps que M. Desbrochers des Loges décrivait cette espèce nouvelle, M. Chevrolat, qui la tenait de la même source, la décrivait aussi sous le nom de *nodulosus* dans une revue scientifique allemande.

Ces deux déterminations simultanées d'un même insecte par deux maîtres de la science entomologique, est une preuve indiscutable de sa nouveauté.

NOTES

SUR

L'ENTOMOLOGIE DES ALPES-MARITIMES

publiées par l'auteur de ce travail

DANS LES ANNALES DE LA SOCIÉTÉ ENTOMOLOGIQUE DE FRANCE

LES LUCIOLES

Première lettre à M. L. Reiche, membre fondateur
de la Société

Nice, le 1ᵉʳ janvier 1862.

Le 27 mai 1860, à mon retour d'une grande excursion dans
la vallée de la Vésubie où, malgré une pluie incessante, il m'a
été donné de recueillir d'assez bonnes espèces, je vis voler les
premières *Lucioles* sur la nouvelle route de Villefranche; j'en
mis un certain nombre dans un grand flacon de verre et je remarquai que ces insectes, en mouvement jusque sur les 11 heures minuit, se précipitaient ensuite au fond du vase, rentrant
leurs antennes et leur tête, et perdant petit à petit leur lueur
phosphorescente.

Dans cet état de repos les deux derniers anneaux de l'abdomen deviennent d'une couleur d'ivoire jauni. A la nuit suivante,
mes prisonnières ou plutôt mes prisonniers, car j'ai eu depuis,
la preuve que je n'avais jusqu'alors capturé que des mâles, mes
prisonniers, dis-je, reprirent de l'activité, leur tête se redressa,
leurs antennes aussi, l'abdomen se colora d'une lueur jaunâtre
d'abord, qui, tournant ensuite au jaune rouge, devint intermit-

tente et phosphorescente, l'insecte se réveillait, il se remuait, cherchait à s'échapper et grimpait contre les parois du flacon.

Je fus frappé de ce fait que, lorsque la lumière allait se produire, il s'échappait de l'intérieur du corps une matière bouillonnante semblable à de la lave en ébullition ; dès que le flacon éprouvait un choc, l'insecte s'arrêtait et courbait la tête ; si, parvenu au sommet du récipient, il en était violemment détaché, en tombant il lançait une forte étincelle ; je remarquai aussi que mes *Lucioles* répandaient une odeur fade.

Seconde journée de repos pendant laquelle je m'industriai à nourrir mes captifs dans l'espoir de les conserver vivants assez longtemps pour pouvoir en expédier à Dijon et même à Paris : l'examen de leur tête me convainquit qu'ils devaient plutôt sucer que manger ; j'introduisis donc dans le flacon des morceaux de la matière spongieuse qui existe à l'intérieur des cosses de fèves, je vis aussitôt mes petites bêtes réveillées de leur engourdissement se jeter avec assez d'avidité sur cette pâture et attaquer surtout le rebord des tranches ; le soir elles brillaient encore, mais le lendemain matin, c'est-à-dire le troisième jour, elles étaient presque toutes mortes.

J'eus lieu d'observer alors que, même après la mort, l'insecte conserve encore sa lueur, faible il est vrai, mais visible cependant, et que cette lueur persiste pendant un certain temps [1].

De toutes les *Lucioles* prises le 27 mai une seule existait encore le 2 juin ; je crus que c'était une femelle, il n'en était rien : disséqué, le sujet présentait un organe de reproduction mâle.

Le 1er juin, j'ai suivi pendant près d'une heure une *Luciole* dans mon jardin ; elle avait pris en affection une longue allée de lauriers-tin, de romarins, d'arbousiers et de néfliers du Japon ; à quatre pieds du sol elle parcourait cette allée, revenant sans cesse sur ses pas, poussait de temps à autre une reconnaissance dans le feuillage des arbres. dans les faux poivriers, dans les

---

(1) La phosphorescence des *Lucioles* et de certains autres *Coléoptères* provient de la combustion lente d'une matière jaunâtre demi-transparente, emmagasinée dans les dernières parties du ventre. Cette phosphorescence cesse avec le froid : plongé dans de l'eau à 35° l'insecte donne encore une vive lueur ; a 50° toute clarté disparaît ; la lueur s'éteint dans l'acide carbonique, l'azote, etc., etc., ce qui démontre que l'oxigène est nécessaire à sa production.

grands géraniums, mais elle revenait toujours dans l'allée préférée dont elle n'atteignait jamais l'extrémité. Je pus alors constater, qu'en liberté la *Luciole* adopte un vol régulièrement cadencé, s'élevant, s'abaissant à intervalles égaux à l'instar des *Bergeronnettes;* c'est dans ce double mouvement de haut et de bas que se produit la lumière ou plutôt que cette lumière augmente ou diminue; si le vol de l'insecte devient désordonné c'est qu'il s'est croisé avec l'un de ses pareils, ou qu'il a été troublé dans sa course par l'étourderie d'une petite *Phalène* venant se heurter contre lui.

Impatienté de suivre ma *Luciole* et surtout fatigué d'être obligé de la distinguer de celles qui s'élevaient à droite ou à gauche autour de moi, je me décidai à la capturer et je remarquai avec étonnement qu'elle laissait en marchant au fond de mon chapeau, une trace phosphorescente d'un magnifique jaune doré, matière visqueuse, gluante, s'attachant aux doigts; prenant alors mon insecte par la tête et écartant ses élytres noires, j'examinai à loisir les deux derniers anneaux de son abdomen; ces anneaux, lumineux dans tout leur entier, s'éclairaient vivement à chaque acte de respiration du patient et se remplissaient, comme je l'ai dit plus haut, d'une matière incandescente, formée de petits globules en mouvement, une véritable merveille! pressé avec l'ongle, l'abdomen laissait échapper cette matière en assez grande abondance [1].

Ayant déposé le *Coléoptère* sur l'herbe, où il reprit ses forces et jeta plusieurs étincelles successives, j'observai que les autres *Lucioles* de passage abaissaient leur vol jusque près de celle qui se reposait, planaient un instant au dessus, et reprenaient ensuite leur course comme trompées dans leur attente; cette observation importante nous aidera plus tard à découvrir la femelle.

L'insecte une fois mort, son abdomen se trouve rempli d'une matière blanchâtre, granuleuse, semblable à du blanc d'œuf battu,

[1] Si on écrase le ventre d'une *Laciole* contre une tapisserie, la trace reste lumineuse pendant plusieurs heures; ce fait me met en mémoire qu'un savant américain, M Norton, a proposé de supprimer l'éclairage des appartements et même des rues, en enduisant de substances phosphorées qui sont à bas prix, les tapisseries et les murailles. Cela paraît insensé, mais peut-on déterminer où s'arrêteront les progrès de la science?

le corps se rétrécit, les élytres deviennent cassantes et les ailes membraneuses adhèrent à l'abdomen.

Remarquons encore que c'est surtout à la venue de la nuit, sur les 9 heures, que les *Lucioles* abondent, qu'elles affectionnent les fossés, les creux, les recoins de jardins, les allées sombres, les fourrés d'oliviers : c'est là qu'il faut les chercher et non pas dans les lieux secs, découverts et sans végétation.

Dans la montagne le fond des vallées est constellé de ces étoiles vagabondes, qui dans leurs chassé-croisés illuminent d'une manière féerique le sombre du feuillage, charment le voyageur, occupent son imagination et portent son esprit à l'admiration des œuvres de la création *(Maxime miranda natura in minimis)*.

Le 4 juin, chasse à Menton en compagnie de mon excellent et savant ami M. Arias Teijeiro ; c'est là, que sur la frontière de la France, un pied en Italie, nous avons pris, non pas cette femelle si vivement désirée, mais une variété de la *Luciole Lusitanica*, variété assez rare, se distinguant facilement du type par la couleur du corselet qui, au lieu d'être jaunàtre, est rouge en dessus et rose en dessous. Cette variété, qui ne se rencontre pas à Nice, se trouve à Menton dans la proportion de 1 à 50. Enfin, le 7 juin, je devais être récompensé de ma persévérance. Après une excursion sur la nouvelle route de Villefranche, où j'avais fait une ample récolte de *Lucioles*, je rentrais chez moi dans l'intention de mettre ces insectes dans une grande caisse garnie de terre, de pierres, de branches d'arbre, afin de découvrir, si c'était possible, quelque nouvelle particularité sur leur manière de vivre ; en passant devant mon jardin, je cueillis une poignée de feuilles basses que je déposai dans la caisse ; je remarquai alors que sur l'une de ces feuilles était une *Luciole* un peu plus petite que les autres ; l'heure me pressant, je la mis à part, afin de l'examiner le lendemain.

Le jour arrivé, j'ouvris ma boîte et je trouvai ma *Luciole* agitée de mouvements saccadés ; lorsque toutes celles renfermées dans la caisse avaient éteint leurs feux, celle mise de côté brillait toujours ; seulement la lueur n'existait que dans celui des deux derniers anneaux de l'abdomen qui touchait immédiatement aux anneaux noirs du thorax ; du dernier anneau s'élançait un tube rond terminé par un autre tube plus petit qui portait lui-même à son extrémité deux petites barbes régulièrement placées à droite et à gauche, le tout très visible.

Cet appareil, en forme de tarière, était rempli d'une matière épaisse, blanchâtre, globuleuse.

Tout à coup, les mouvements de l'insecte devinrent plus vifs, il roidit son appareil terminal et je vis monter dans la partie étroite une petite boule qui, arrivée aux appendices, se détacha et roula dans la boîte. Je tenais enfin une femelle de la *Luciola lusitanica* et je venais d'assister à la ponte d'un de ses œufs : bientôt je vis remonter d'autres boules et je reçus un chapelet de quatre œufs en tout semblables au premier.

Ces œufs, d'abord blanchâtres, prirent au contact de l'air une teinte rosée.

La présence d'un oviducte qui dans sa plus grande extension a la longueur de la moitié du corps de l'insecte, impliquerait l'idée que la *Luciole* doit introduire ses œufs dans une matière peu résistante, ce qui rendrait assez admissible au premier abord, la croyance générale des gens de la campagne que ces *Coléoptères* vivent dans de fort vilains lieux ; je pense plutôt que la femelle introduit ses œufs dans le corps des *Hélix*, où se développe la larve.

L'œuf sorti et maintenu par les deux appendices qui terminent la tarière, ressemble beaucoup à ces bulles de savon remplies de fumée de tabac, dues à l'imagination d'un grand artiste.

J'ai pris note que la femelle, trouvée par moi dans la soirée du 7 juin, était plus petite que les mâles, que ses élytres étaient déhiscentes, qu'en dessous, le corps au lieu d'être noir, était rougeâtre, que la tête était petite, rentrée sous le corselet, dépourvue de ces gros yeux qui caractérisent si bien le mâle ; enfin, que les antennes étaient moins longues que celles du mâle.

Cette femelle était sur la feuille d'une branche basse ; tous les sujets pris par moi jusqu'à ce jour et reconnus être des mâles avaient été capturés au vol ; cette double remarque jointe à celle des promenades des mâles autour du feuillage, de cette indécision de leur part en voyant une *Luciole* posée par moi sur l'herbe, à titre d'expérience, tout cela ouvre à mes recherches une nouvelle voie.

(Annales 1862, f° 620).

Seconde lettre à M. L. Reiche, président de la Société entomologique de France

Nice, le 1ᵉʳ juin 1863.

En 1863, les *Lucioles* ont commencé à paraître à Menton vers le 20 avril; à Nice, le 1ᵉʳ mai; dans la montagne du 7 au 20 du même mois; à la date du 25 juin, elles avaient à peu près disparu partout.

A Menton elles ont été cette année d'une abondance extraordinaire; c'est donc sur ce point que je crus devoir porter mes investigations.

Le 25 mai, à 8 heures et demie du soir, je pénétrais à Garavan (Menton) dans un immense jardin de citronniers au terrain assez inculte et humide. Déjà, des murailles de soutènement construites en pierres sèches, des fourrés, des broussailles, s'élançaient les *Lucioles* mâles : en quelques minutes le vaste enclos se trouva féeriquement illuminé par un nombre incalculable de feux mouvants formant à quelques pieds du sol un réseau de lueurs phosphorescentes, une rosée d'étincelles. L'agitation de ces petites bêtes était fébrile, elles se croisaient en tout sens; sur les 9 heures, je vis quelques mâles se rapprocher de la terre, s'y poser même, courir à travers les herbes avec une grande vivacité, c'était le moment de l'accouplement.

Les femelles, dont je connaissais maintenant les habitudes, commençaient à sortir des interstices du sol humide et inégal; on apercevait leur lueur douce; les mâles, après avoir cherché avec ardeur, s'accouplaient avant même que la femelle ne fut complétement sortie de sa retraite; d'autres mâles circulaient autour; nous avons même assisté à des combats.

Une fois accouplées les *Lucioles* restent longtemps immobiles, leur lueur s'affaiblit, l'intermittence de l'expansion phosphorescente cesse, il faut alors un coup d'œil bien exercé pour les découvrir et beaucoup de précautions pour ne pas les écraser en les recueillant, la femelle étant toujours très molle.

Jusqu'à 9 heures la chasse est assez facile, elle devient ensuite pénible et dangereuse, car la nuit se fait rapidement sous ces

dômes de verdure, en même temps que les lueurs errantes dimi-
nuent et s'éteignent petit à petit ; sur les 11 heures on ne rencontre que de rares mâles égarés et non satisfaits ; la grande
généralité des *Lucioles* de ce sexe est alors, soit accouplée. soit
rentrée dans les murailles, soit posée immobile, endormie, sans
doute, sur les feuilles des citronniers où elle incline la tête ;
chaque arbre secoué fait jaillir une véritable pluie de feu.

À ce moment, la recherche des femelles est peut-être plus
fructueuse que jamais ; en fixant le sol et les plantes basses, en
marchant avec une grande précaution, non sans danger pour les
yeux à cause des branches, et pour les jambes en raison des
fossés et puits au ras de terre. on aperçoit sur le fond noir de
petites lueurs qui sont parfois trompeuses ; tantôt c'est une larve
noirâtre assez semblable au *Cloporte*, ornée de quatre points
d'un phosphorescent bleuâtre ; tantôt c'est un petit *Ver luisant*
(femelle de *Lampyris*) logé dans une coquille vide et transparente d'*Escargot* où il forme lampion ; vers minuit tous les
feux sont éteints.

En trois chasses il m'a été donné de prendre plus de soixante
femelles, presque toutes accouplées.

Enfin, un soir, sur les 10 heures, je découvris au bord d'un
trou rond, en terre, des débris de *Lucioles* ; ce trou paraissait
profond et il était éclairé à l'intérieur ; à son orifice se montrait
la tête d'un *Staphylin*, d'un *Staphylinus olens*, sans doute.
L'insecte, à mon approche, sortit du trou et disparut laissant
derrière lui une trace lumineuse. Je crus m'être trompé, mais
mon compagnon de chasse me certifia avoir fait sur un autre
point la même remarque.

En résumé, il résulte de mes observations de 1862 et de 1863 :

1° Que toutes les *Lucioles* qui volent sont des mâles ;

2° Que la femelle de la *Luciola Lusitanica* se distingue
plus particulièrement du mâle par sa tête plus petite, dépourvue
des gros yeux du mâle et surtout par ce caractère bien évident
chez l'insecte vivant que la lueur phosphorescente n'occupe chez
elle que les parties de droite et de gauche de l'anneau blanc le
plus voisin des anneaux noirs de l'abdomen, formant aussi deux
points séparés par un intervalle sombre ; enfin qu'elle est pourvue d'un *oviducte ;*

3° Que cette femelle, toujours molle en raison de son genre de vie, habite en terre ou dans des trous de murailles, qu'elle confie ses œufs aux *Helix* et qu'elle ne sort qu'à la nuit pour s'accoupler ;

4° Que les femelles présentent presque toutes deux taches rouges sur le front que certaines d'entre elles en ont quatre, caractère qui n'existe jamais chez les mâles ;

5° Que les femelles n'ont jamais été trouvées volant, bien qu'elles soient pourvues d'ailes ; que seulement elles montent parfois, mais rarement, sur les herbes et sur les feuilles basses des arbres ;

6° Que les mâles sortent sur les 8 heures des fissures des murailles à pierres sèches où on les trouve pendant le jour, ce que j'ai constaté à la suite de la démolition d'une de ces murailles ;

- 7° Qu'on trouve un certain nombre de *Lucioles* mâles pendant la nuit sur les feuilles des arbres et quelques-unes seulement pendant le jour ce qui ferait présumer que vers le matin, peut-être, elles reprennent leur vol après quelques heures de repos, pour rentrer dans les lieux sombres et se mettre ainsi à l'abri de la lumière du jour ;

8° Qu'il existe à Menton une variété de la *Luciola Lusitanica* que je nomme *Mentonensis* ;

9° Que dans les mêmes localités, différents petits êtres, également lumineux, sont rencontrés fréquemment ;

10° Enfin, que le *Staphylinus olens* se repaît de *Lucioles* [1]

(Annales 1863, f° 661 et suivants).

---

[1] Dans ce travail qui n'est pas uniquement destiné, je l'espère, à être mis sous les yeux de chercheurs habitués à tout entendre, j'ai passé sous silence un fait de monstruosité bien caractérisé que j'ai pu constater à la charge des *Lucioles* et des *Téléphores* lors de mes excursions nocturnes à Menton et que j'ai signalé à la Société entomologique de France avec preuves à l'appui.

NOTE

sur les dommages causés aux oliviers par le *Cionus Fraxini*

(Annales 1866, f° XLV)

J'ai pu étudier dans toutes les phases de ses transformations un *Curculionide* qui à l'état de larve, aussi bien qu'à l'état d'insecte parfait, a causé en 1865 et 1866 des dommages réels aux jeunes oliviers de certaines localités de la commune de Nice et plus particulièrement dans les quartiers de Carras et du Fabron.

Ce *Curculionide*, qui n'est autre chose que le *Cionus Fraxini* de de Geer, apparaît en avril et dépose ses œufs sur les feuilles des rejetons d'oliviers.

La larve, d'un jaune assez accusé, visqueuse, s'attaque à la partie blanchâtre du dessous des feuilles qu'elle dévore par places irrégulières sans toucher à la couche verte et brillante.

Après un laps de temps qui varie de dix à douze jours, cette larve a acquis tout son développement ; elle se pose alors sur une feuille, rapproche sous elle les deux extrémités de son corps, se met en boule, perd sa couleur jaunâtre, sa viscosité, tourne au gris, puis au blanc, se dessèche et devient transparente. Après vingt-quatre heures on ne remarque plus qu'un cocon parfaitement ovalaire, adhérent à la feuille et dans lequel se meut librement la larve débarrassée de son enveloppe ; on la voit travailler avec ses mandibules à épaissir, arrondir et polir sa demeure qui finit par acquérir une teinte ambrée.

Puis, la larve se repose et se prépare à ses dernières transformations qui s'opèrent en huit à dix jours ; c'est alors que l'insecte parfait issu de la nymphe, commence à percer, avec son rostre, son cocon dans lequel il découpe une calotte parfaitement régulière.

Le *Cionus* se répand bientôt sur les feuilles basses qu'il ronge, ou à la manière de la larve, ou simplement par la tranche ; il s'accouple et vole jusqu'au sommet des jeunes arbres qu'il choisit de préférence.

C'est à l'état d'insecte parfait, que ce *Curculionide* cause les dommages les plus fâcheux ; non-seulement son appétit le porte à dévorer les feuilles sur lesquelles il promène de haut en bas, une double languette raboteuse contenue dans son rostre, parcourant ainsi et d'un seul trait, une étendue d'un millimètre ; mais on le voit encore, plongeant ce rostre dans les tiges tendres et pleines de sucs, y causer des lésions qui amènent infailliblement la perte des fleurs et des fruits que ces tiges devaient produire.

J'ai constaté que d'avril à la fin juillet, il pouvait y avoir trois pontes, et que la première était toujours faite sur les rejetons, d'où j'ai été conduit à penser qu'il serait peut-être possible de diminuer le mal, en secouant ces rejetons dans un parapluie afin de tuer les premiers couples, et en examinant aussi les feuilles, pour y chercher les larves très faciles à reconnaître, et les coques servant aux métamorphoses.

Les larves du *Cionus Fraxini* sont attaquées par diverses espèces d'*Hyménoptères* probablement du genre *Chrysis ;* la larve atteinte continue son existence, construit sa coque et sert alors de nourriture aux parasites qui s'y transforment les uns, en une petite chrysalide d'un noir métallique admirable de forme, les autres en une chrysalide blanchâtre et beaucoup plus grande : sur dix cocons de *Cionus* recueillis, la moitié a donné naissance à des *Hyménoptères*. ￮

On prend dans les montagnes des environs de Nice, sur la *Scrophularia lucida,* en mai, le *Cionus Blattariæ* dont la larve visqueuse opère dans ses transformations, comme celle du *Fraxini*.

Sur le littoral de la Méditerranée et habitant la *(Scrophularia canina),* on trouve assez communément en juin, le *Cionus Schœnheri* dont la larve, d'un jaune beaucoup plus foncé et d'une taille beaucoup plus grande, s'élève très facilement, se métamorphose comme le *Fraxini* et donne naissance à de nombreux *Hyménoptères* issus d'une chrysalide d'un beau vert métallique.

Pour en revenir au *Cionus Fraxini,* les remarques qui le concernent font ressortir, par un nouvel exemple, l'excellence des observations de notre savant collègue M. Ed. Perris, qui, exposant dans les Annales de 1863, fᵒ 465, l'admirable instinct des insectes *Phytophages* dans le choix des plantes auxquelles ils confient leurs œufs, établit que l'*Hylesinus oleiperda*, à défaut de l'olivier, choisit le frêne, et faute de ces deux arbres, s'adresse au lilas, trois genres de la même famille.

Ici, au contraire, c'est le *Cionus* du frêne qui s'attaque à l'olivier sans commettre d'erreur botanique.

NOTE

sur une chasse d'hiver à Nice

(Annales 1877, f° CLXXIV)

Sur les sables et galets de la mer, près de l'embouchure du Var, pousse une fort jolie plante au feuillage d'un vert glabre finement découpé ; en été, elle donne des pousses de plusieurs centimètres de hauteur qui se couvrent de belles coupes dorées, le fruit est enfermé dans une silique longue et déliée.

On prend alors en abondance sur cette plante *(Glaucium luteum)* le *Curculionide (Acentrus histrio)* qui ne se rencontre que là, et un *Hémiptère* noir, le *Lygæosoma reticulatum*.

Les tiges du *Glaucium* sont caduques et annuelles, mais le pied est persistant, et sa racine pivotante, d'un rouge jaune à l'intérieur, se couronne en hiver de trois ou quatre tiges naissantes ; entre ces tiges se forme une loge ou cavité, grande comme une coquille de noix, finement tapissée de velours rouge-brun et complétement mise à l'abri des intempéries de la saison. C'est dans cette cavité protectrice que viennent se réfugier, pendant les froids et les tourmentes, de nombreux insectes des sables qui y vivent en paix.

Vers la fin de décembre 1876, en cherchant par une bise très aigre, dans les tiges de l'*Inula viscosa* la larve du *Corœbus graminis* que m'avait recommandée M. Perris, j'eus l'idée d'arracher un pied de *Glaucium* qui me tentait par son ampleur, afin d'y découvrir la larve de l'*Acentrus histrio ;* la cavité centrale de ce pied était remplie de différentes espèces de *Coléoptères*, d'*Hémiptères*, d'*Araignées* et de *Fourmis*, le tout sensiblement engourdi.

Je revins le lendemain avec un petit sac et j'emportai chez moi onze pieds de *Glaucium* recueillis à divers endroits de la plage ; leur examen, fait à loisir, m'a donné trente-quatre gen-

res, quarante espèces et plus de neuf cents *Coléoptères* de diffé-
rente valeur.

Les chasses d'hiver sont assez généralement ingrates ; j'ai
donc pensé qu'il serait utile de signaler une véritable mine d'insectes méridionaux dont pourront profiter les entomologistes que
leur santé ou leurs loisirs pousseront à venir passer la saison
froide dans nos parages.

LISTE

des insectes Coléoptères *trouvés en décembre 1876*
dans la cavité centrale du Glaucium luteum

1 *Thylacites* depilis	25	21 *Atomaria* ruficornis	15
2 *Licinus* agricola	6	22 *Bryaxis* impressa	2
3 *Gonocephalum* rusticum	20	23 *Proteynus* brachypterus	13
4 *Baridius* opiparis	6	24 *Corticaria* fuscipennis	17
5 *Ceuthorhynchus* verucatus	20	25 *Conurus* lividus	40
6 Id. rectirostris	15	26 *Tachyporus* brunneus	5
7 *Apion* angustatum	24	27 *Mycetoporus* splendidulus	6
8 Id. assimile	14	28 *Stenus* plantaris	8
9 *Microtrogus* picirostris	27	29 *Sunius* bimaculatus	9
10 *Smycronyx* Reichei	28	30 Id. filiformis	10
11 *Acentrus* histrio	100	31 Id. gracilis	20
12 *Sacium* discedens	16	32 *Platysthetus* nodifrons	24
13 *Seymnus* Apetzii	32	33 *Philonthus* procerulus	17
14 Id. Ahrensii	30	34 *Drasterius* bimaculatus	25
15 Id. minimus	35	35 *Formicomus* pedestris	32
16 *Platynaspis* villosa	36	36 *Autichus* 4 guttatus	40
17 *Chilocorus* auritus	27	37 *Ochthonomus* sinuatus	25
18 *Hyperaspis* Hoffmanseggii	30	38 *Falagria* nigra	4
19 *Théa* 22 punctata	42	39 *Tagenia* intermedia	27
20 *Olibrus* affinis	14	40 *Cassida* pusilla	18

ERRATA

—

Page 12 ligne 19 *Acalles*, et non *Accales*.
» 12 » 28 *Langelandia*, et non *Laugelandia*.
» 30 » 18 *quærens*, et non *querens*.
» 31 » 5 *Pterostichus*, et non *Pterostschus*.
» 41 » 23 *sabulicola*, et non *sabuticola*
» 46 » 7 *Acilius*, et non *Acilus*.
» 59 » 13 *Cephennium*, et non *Cephinium*.
» 62 » 26 *Autalia*, et non *Antalia*.
» 64 » 9 *Bolitochara*, et non *Bolitocara*.
» 66 » 24 *Haplogosa*, et non *Haploglossa*.
» 69 avant-dernière ligne *Pandelle*, et non *Paudelle*.
» 72 » 29 *Velleius*, et non *Veleius*.
» 89 » 4 *Trogosita*, et non *Tragostita*.
» 91 » 10 *Silvanus*, et non *Sylvanus*.
» 92 » 15 *Telmatophilidæ*, et non *Tetmatophilidæ*.
» 96 » 23 on a oublié le genre *Dermestes* (Linné).
» 105 » 11 *Rhyssemus*, et non *Rhisemus*.
» 105 » 23 *Bolboceras*, et non *Balboceras*.
» 109 » 10 *Anisoplia*, et non *Amsophia*.
» 110 » 6 *Oryctes*, et non *Orictes*.
» 114 » 1 *Chalcophora*, et non *Calcophora*.
» 115 » 9 *Chrysobothris*, et non *Chrysobotris*.
» 117 » 5 *Throscus*, et non *Troscus*.
» 117 » 10 *Cerophytum*, et non *Cerophylum*.
» 118 » 15 *Corymbites* et non *Corymbetes*.
» 131 » 19 *Dasytes*, et non *Dasites*.
» 132 » 6 *Danaccæa*, et non *Donaccæa*.
» 140 » 5 *Microzoum*, et non *Mycrozoum*.
» 149 » 17 et 18 *Œdemera*, et non *Ædemera*.
» 154 » 14 *Attelabus*, et non *Atellabus*.
» 155 2me note *Apions*, et non *Opions*.
» 161 » 26 *Mecaspis*, et non *Meclaspis*.
» 175 » 15 *Rhinoncus*, et non *Rhinonchus*.
» 185 » 28 *Astynomus*, et non *Astyonomus*.
» 187 » 7 *Ancesthetis*, et non *Ancestethis*.
» 196 » 1 *Pachnephorus*, et non *Pachenephorus*.
» 200 » 5 et 14 on a séparé à tort le genre *Adimonia*.
» 201 » 7 *Phyllobrotica*, et non *Phyllobretica*.
» 203 » 10 *Plectroscelis*, et non *Plectroscellis*.
» 207 » 5 *Propylea*, et non *Prophylea*.

TABLE DES MATIÈRES

TABLE DES GENRES

www.ingramcontent.com/pod-product-compliance
Lightning Source LLC
Chambersburg PA
CBHW072301210326
41519CB00057B/2455